普通高等院校土建类专业精品系列教材
省级一流专业(土木工程)建设成果系列教材

土建工程制图习题集

主　　编　范　磊　宋小艳　王　娜
副 主 编　商　丽　邢智慧　张晓林
　　　　　刘菲菲　侯景超
参　　编　孙　杨　于联周

北京理工大学出版社
BEIJING INSTITUTE OF TECHNOLOGY PRESS

内 容 提 要

本习题集与范磊、宋小艳、王娜主编的《土建工程制图》教材配套使用。本习题集包括课前预习、例题精讲、练习题等模块，内容编排与教材基本一致，主要包括制图的基本知识，点、直线和平面的投影，立体的投影，平面与立体相交，轴测投影，组合体，形体的表达方法，阴影的基本知识以及透视投影。在保证课堂教学基本要求的前提下，习题可根据具体学时来选用。

本习题集适用于应用型本科院校土木建筑类及相关专业的工程制图课程教学，也可和其他应用型本科院校工程制图教材配套使用，还可供网络教学、远程教学、函授教学、高等专科学校及职业技术学院的相关专业使用。

版权专有　侵权必究

图书在版编目（CIP）数据

土建工程制图习题集 / 范磊，宋小艳，王娜主编. -- 北京：北京理工大学出版社，2022.7
ISBN 978-7-5763-1474-8

Ⅰ.①土… Ⅱ.①范…②宋…③王… Ⅲ.①土木工程－建筑制图－高等学校－习题集 Ⅳ.①TU204-44

中国版本图书馆CIP数据核字（2022）第118372号

出版发行 / 北京理工大学出版社有限责任公司	
社　　址 / 北京市海淀区中关村南大街5号	
邮　　编 / 100081	
电　　话 /（010）68914775（总编室）	
（010）82562903（教材售后服务热线）	
（010）68944723（其他图书服务热线）	
网　　址 / http://www.bitpress.com.cn	
经　　销 / 全国各地新华书店	
印　　刷 / 北京紫瑞利印刷有限公司	
开　　本 / 787毫米×1092毫米　1/8	
印　　张 / 14.5	责任编辑 / 陆世立
字　　数 / 407千字	文案编辑 / 李　硕
版　　次 / 2022年7月第1版　2022年7月第1次印刷	责任校对 / 刘亚男
定　　价 / 48.00元	责任印制 / 李志强

图书出现印装质量问题，请拨打售后服务热线，本社负责调换

前言
PREFACE

本习题集适用于应用型本科院校土木建筑类及相关专业的工程制图课程教学，与范磊、宋小艳、王娜主编的《土建工程制图》教材配套使用，也可和其他应用型本科院校工程制图教材配套使用，还可供网络教学、远程教学、函授教学、高等专科学校及职业技术学院的相关专业使用。

本习题集包括课前预习、例题精讲、练习题等模块，内容编排与教材基本一致，主要包括制图的基本知识，点、直线和平面的投影，立体的投影，平面与立体相交，轴测投影，组合体，形体的表达方法，阴影的基本知识以及透视投影。在保证课堂教学基本要求的前提下，习题可根据具体学时来选用。

在章节安排上，本习题集体现了制图教学的特点，将知识点与能力培养紧密结合，循序渐进，读画结合，密切联系教学实际和工程实践，培养学生的分析与图解能力。此外，为土木类相关专业增加了施工图的练习；为建筑相关专业增加了阴影透视的相关练习，从而增强了基础课与专业课的衔接和过渡。

本习题集由沈阳城市建设学院范磊、宋小艳、王娜担任主编，商丽、邢智慧、张晓林、刘菲菲、侯景超担任副主编，孙杨、于联周担任参编。沈阳建筑大学的孙军担任主审，在此表示感谢。在图书的编写过程中，沈阳建筑大学的周佳新、王志勇；沈阳城市建设学院的赵欣、赵丽、李琪、高国伟、夏冰新、土丹、贾维维、李汉锟、李继平、关天乙、高明明、吴超群、王东升、孙晶等均做了大量的工作。

由于编者水平有限，书中难免有疏漏之处，敬请各位读者批评指正。

编　者

目 录
CONTENTS

第一章　制图的基本知识 ··· 1

第二章　点、直线和平面的投影 ··· 6

第三章　立体的投影 ·· 17

第四章　平面与立体相交 ·· 28

第五章　轴测投影 ··· 41

第六章　组合体 ·· 51

第七章　形体的表达方法 ·· 64

第八章　阴影的基本知识 ·· 73

第九章　透视投影 ··· 84

选择题 ··· 89

填空题 ··· 94

判断题 ··· 98

改错题 ·· 104

绘图题 ·· 108

第一章 制图的基本知识

| 一、课前预习 | 专业班级 | 姓名 | 学号 |

沈阳城市建设学院土建工程制图专业年级学号姓名比例审核平面图底面图正立面图左右背

制图基础练习三视图房屋钢筋混凝土框架门窗基础阴影透视剖面建筑信息测绘环境给排水

制图基础练习三视图房屋钢筋混凝土框架门窗基础阴影透视剖面建筑信息测绘环境给排水能源智能建造安全无机非金属材料

ABCDEFGHIJKLMNOPQRSTUVWXYZ　　ABCDEFGHIJKLMNOPQRSTUVWXYZ

abcdefghijklmnopqrstuvwxyz　　abcdefghijklmnopqrstuvwxyz

0123456789　0123456789　0123456789　0123456789

第一章　制图的基本知识

一、课前预习	专业班级		姓名		学号	

粗实线

细实线

波浪线

细虚线

单点画线

双点画线

第一章 制图的基本知识

二、例题精讲	专业班级		姓名		学号	

绘制下列图形，并保留作图过程（未标注尺寸直接在图中量取，取整数）。

（1）两侧外切圆弧半径均为18。

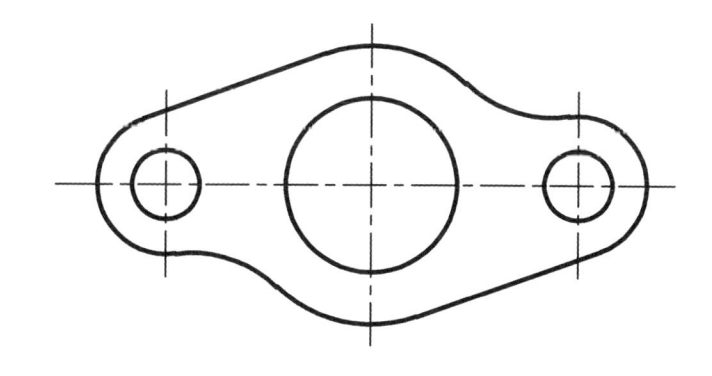

参考答案：

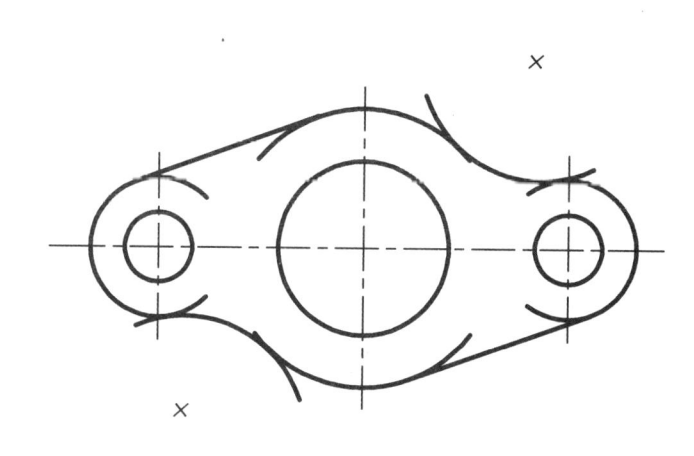

（2）上切大圆弧半径为50，小圆弧半径为28。

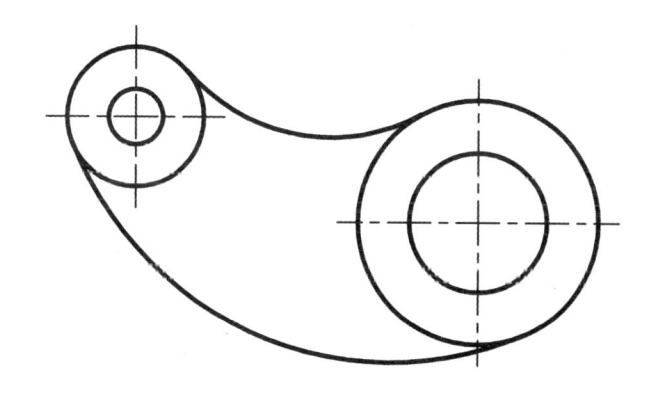

参考答案：

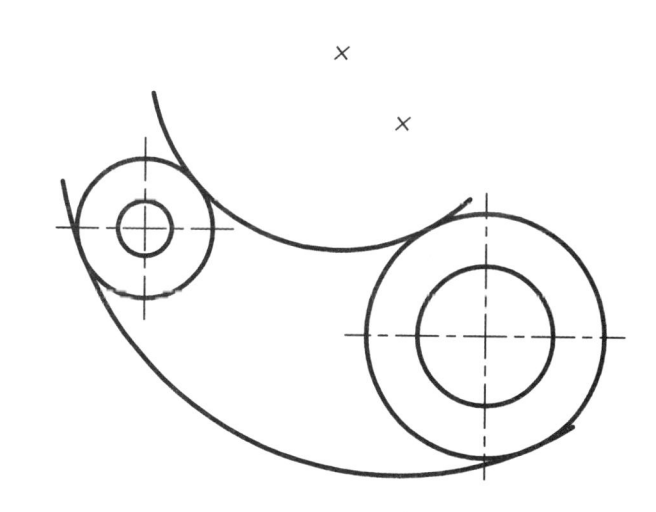

第一章 制图的基本知识

三、练习题	专业班级	姓名	学号

1.在右侧空白处选取适当比例画出下列图形（未标注尺寸直接在图中量取，取整数）。

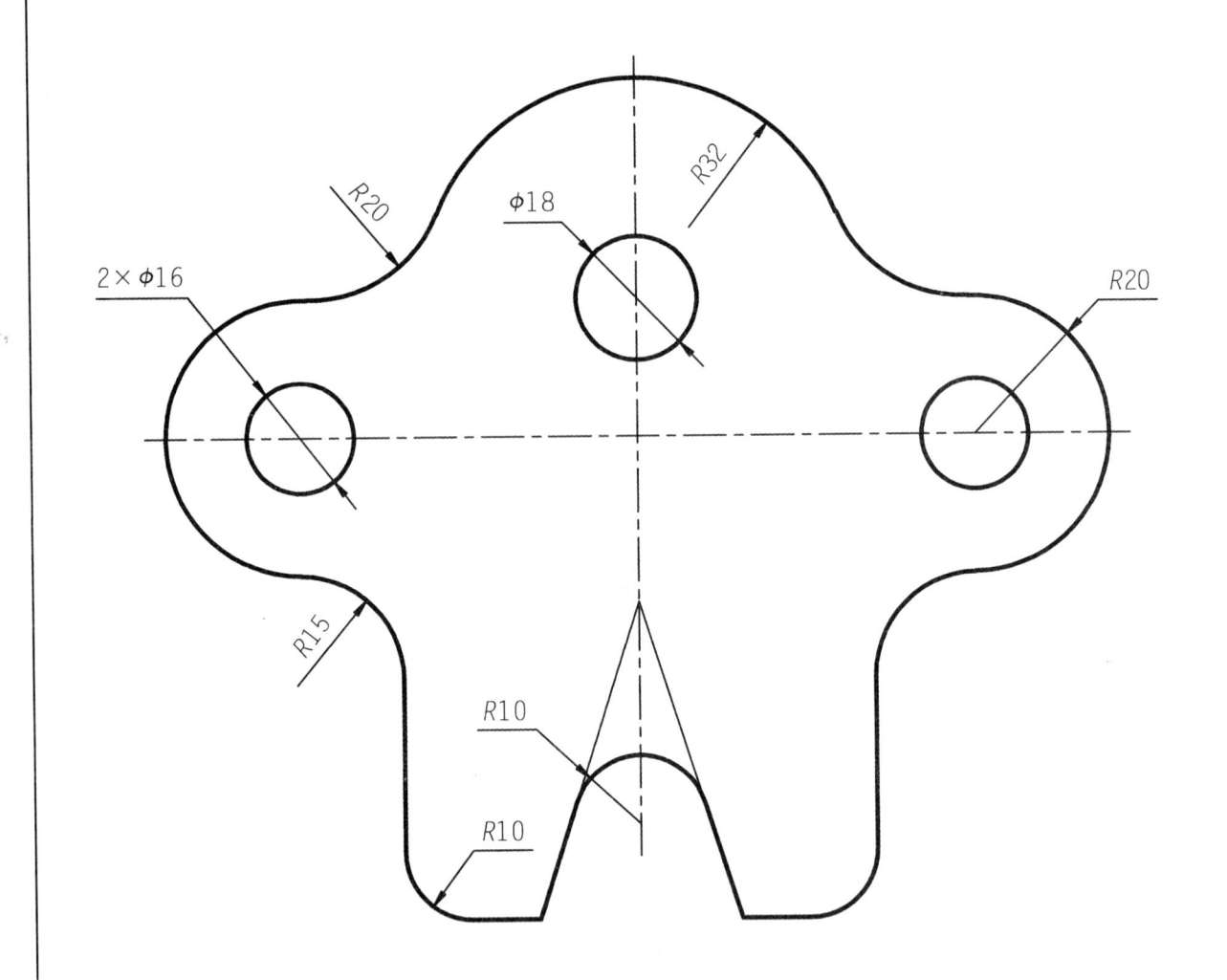

第一章 制图的基本知识

三、练习题	专业班级		姓名		学号	

2.用A3图纸抄绘如下线型及图形（布图尺寸可省略）。

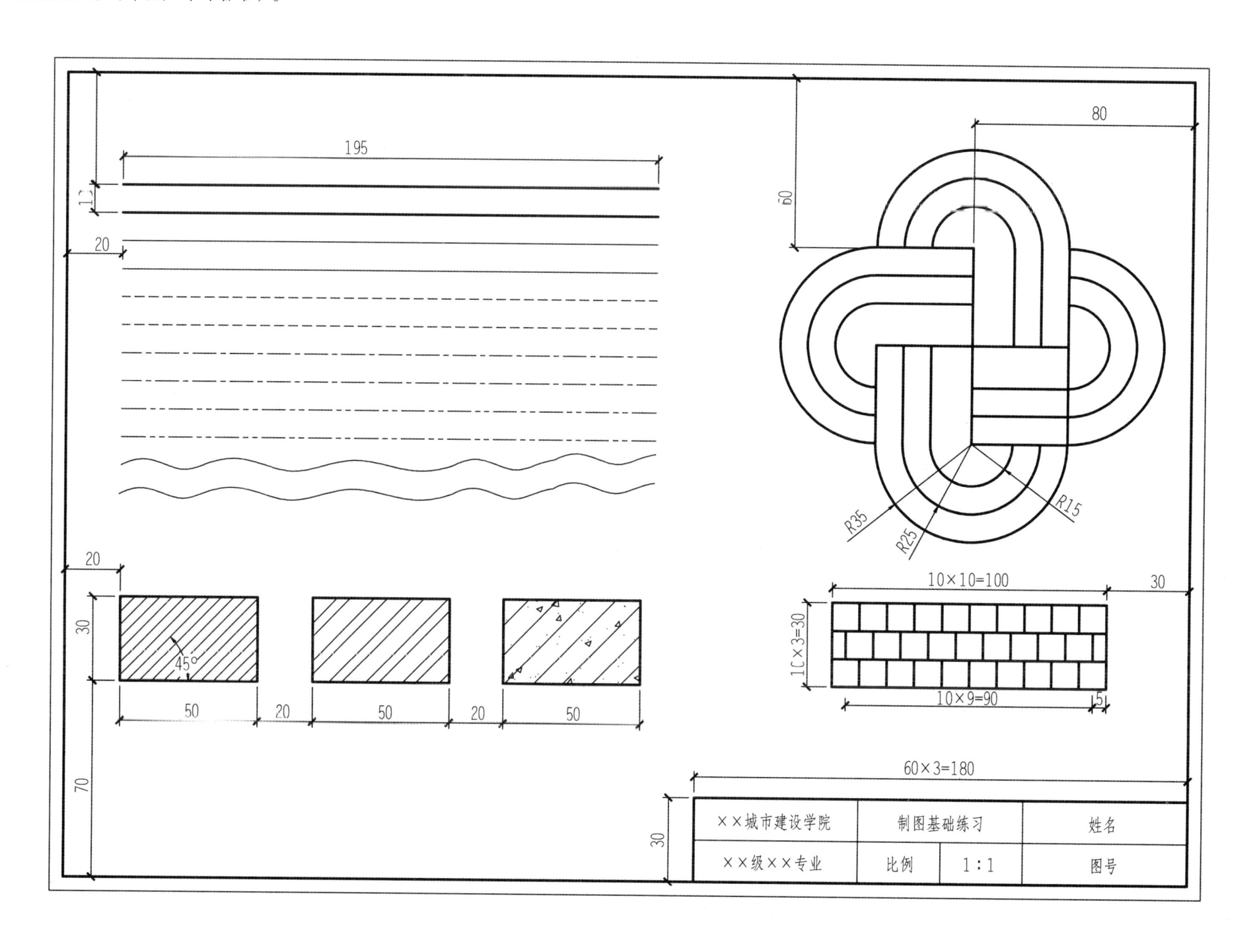

第二章　点、直线和平面的投影

| 一、课前预习 | 专业班级 | 姓名 | 学号 |

1. 已知点A、点B、点C、点D的两面投影，求作其第三面投影。

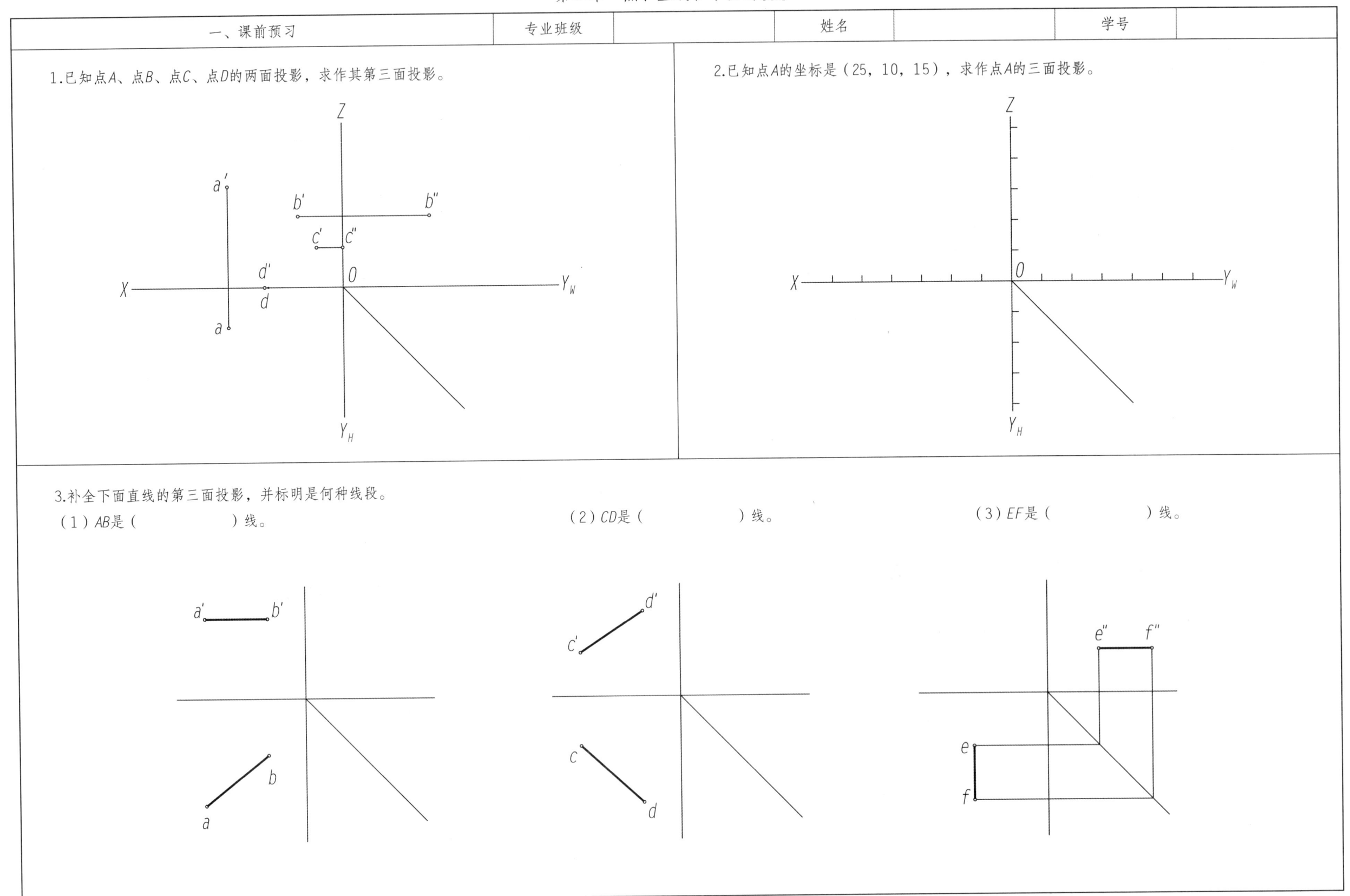

2. 已知点A的坐标是（25，10，15），求作点A的三面投影。

3. 补全下面直线的第三面投影，并标明是何种线段。

（1）AB是（　　　　　）线。

（2）CD是（　　　　　）线。

（3）EF是（　　　　　）线。

第二章 点、直线和平面的投影

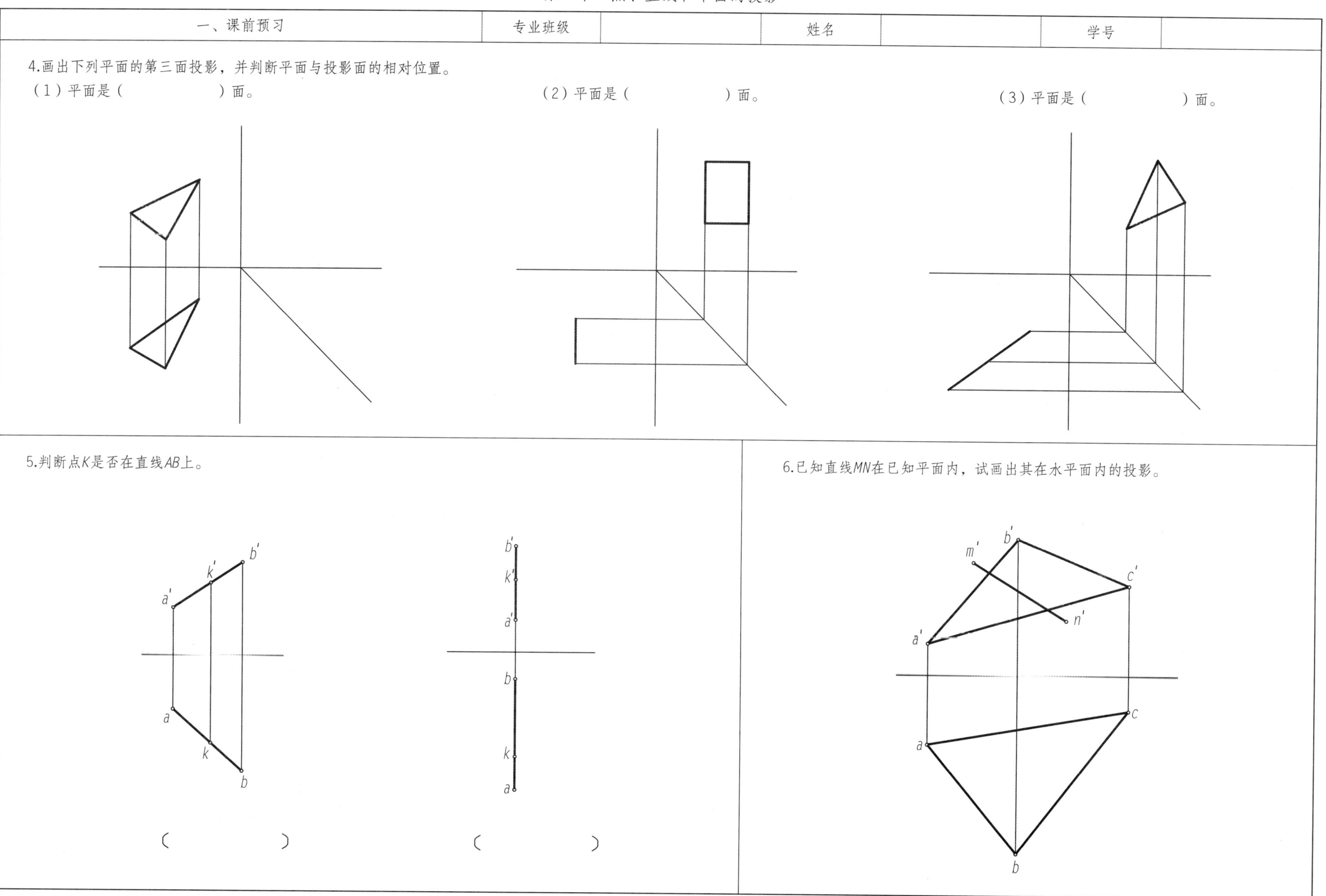

一、课前预习　　专业班级　　姓名　　学号

4.画出下列平面的第三面投影,并判断平面与投影面的相对位置。

(1) 平面是(　　　　)面。

(2) 平面是(　　　　)面。

(3) 平面是(　　　　)面。

5.判断点K是否在直线AB上。

(　　　)　　(　　　)

6.已知直线MN在已知平面内,试画出其在水平面内的投影。

第二章　点、直线和平面的投影

一、课前预习参考答案　　专业班级　　姓名　　学号

1. 已知点A、点B、点C、点D的两面投影，求作其第三面投影。

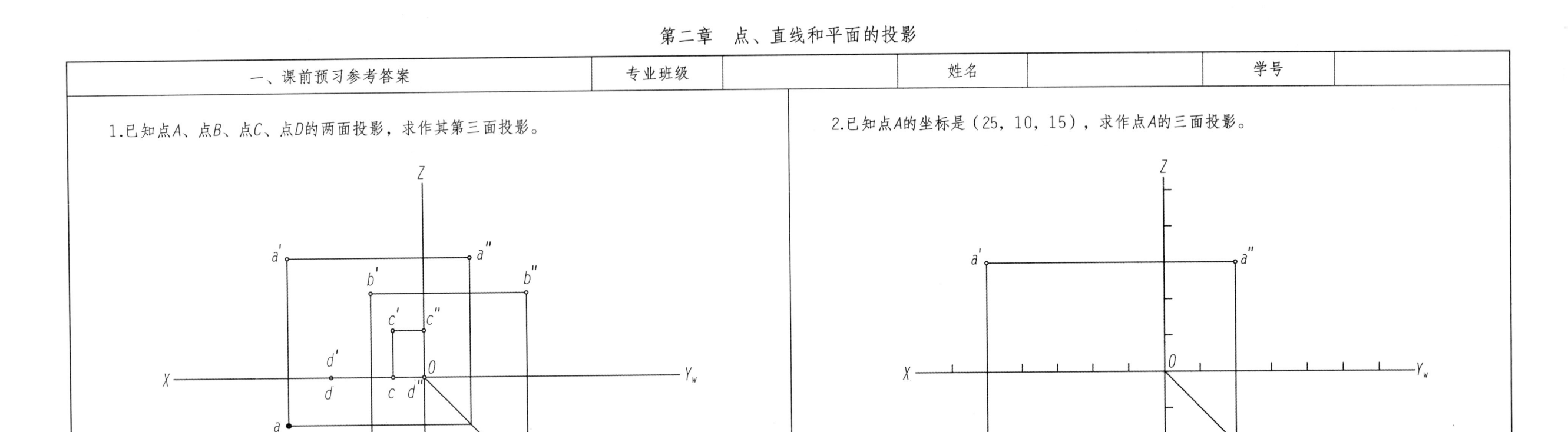

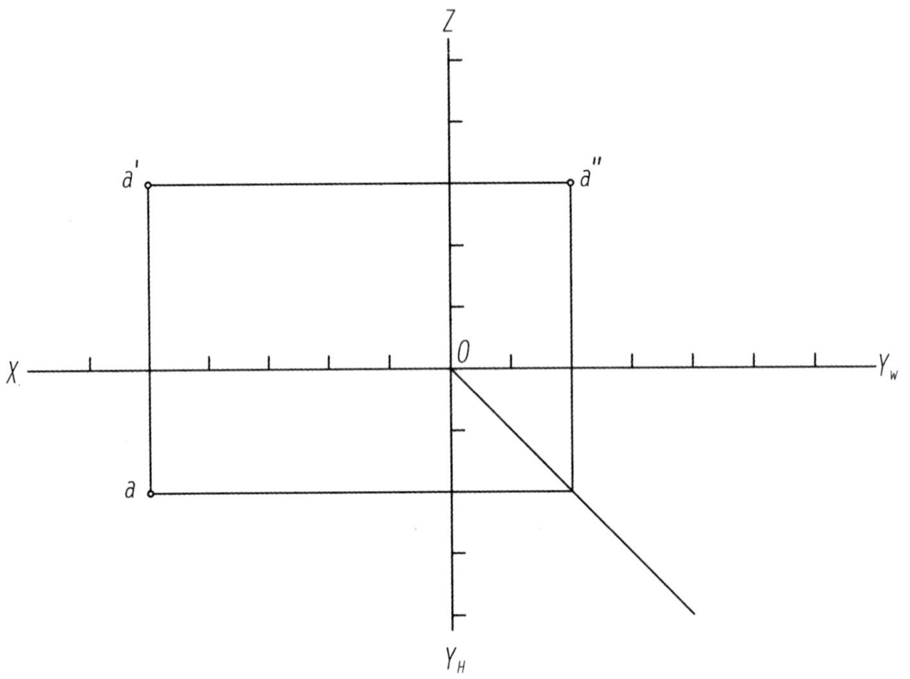

2. 已知点A的坐标是（25，10，15），求作点A的三面投影。

3. 补全下面直线的第三投影，并标明是何种线段。

（1）AB是（　水平　）线。

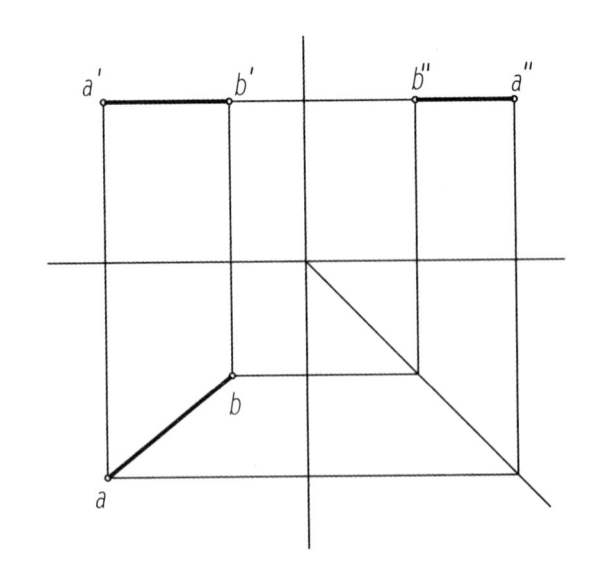

（2）CD是（　一般位置直　）线。

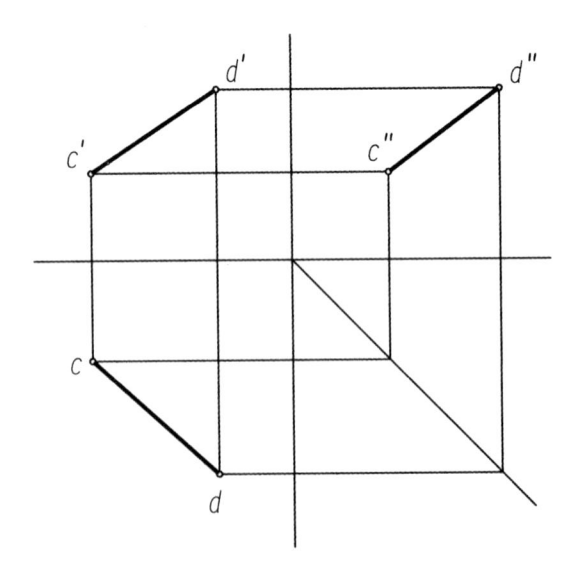

（3）EF是（　正垂　）线。

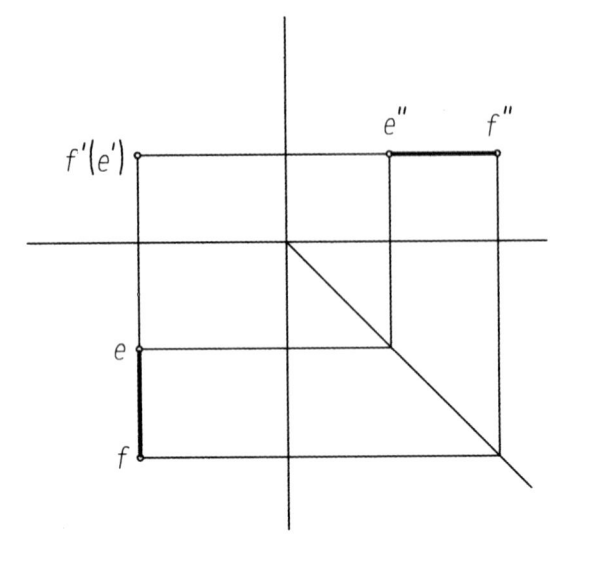

第二章 点、直线和平面的投影

一、课前预习参考答案 | 专业班级 | 姓名 | 学号

4.画出下列平面的第三面投影，并判断平面与投影面的相对位置。
（1）平面是（ 一般位置平 ）面。
（2）平面是（ 侧平 ）面。
（3）平面是（ 铅垂 ）面。

5.判断点K是否在直线AB上。

(是)　　　　(否)

6.已知直线MN在已知平面内，试画出其在水平面内的投影。

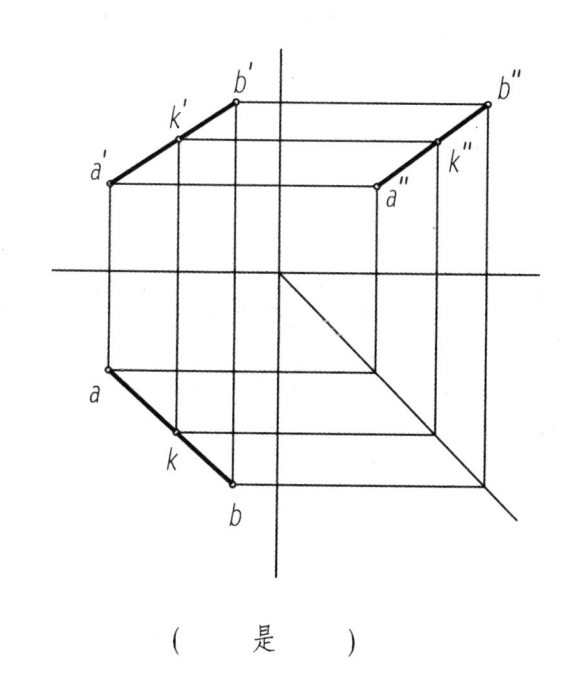

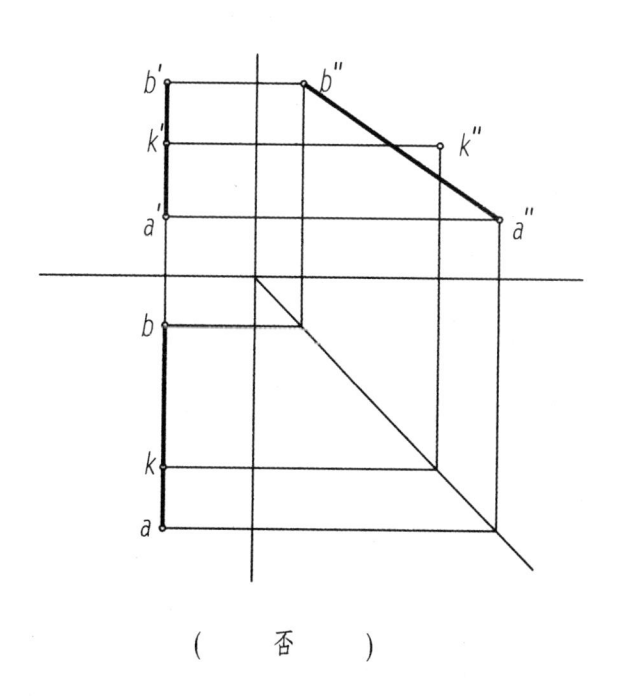

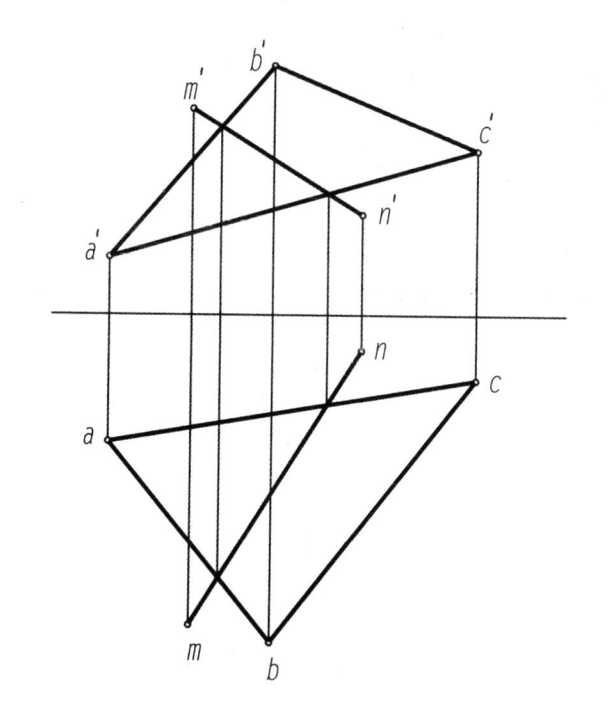

第二章　点、直线和平面的投影

二、例题精讲

1.已知空间内A、B两点的两面投影，求其第三面投影，并判断点A与点B的相对位置关系。

参考答案：

点A在点B的（　　　　　）方。

点A在点B的（ 左、后、下 ）方。

2.根据表中所给出的点到投影面的距离，作出点的三面投影（注：图中每一刻度的距离为5，下同）。

距离 点	离H面	离V面	离W面
A	15	20	5
B	20	0	15
C	5	10	0
D	10	15	25

参考答案：

第二章 点、直线和平面的投影

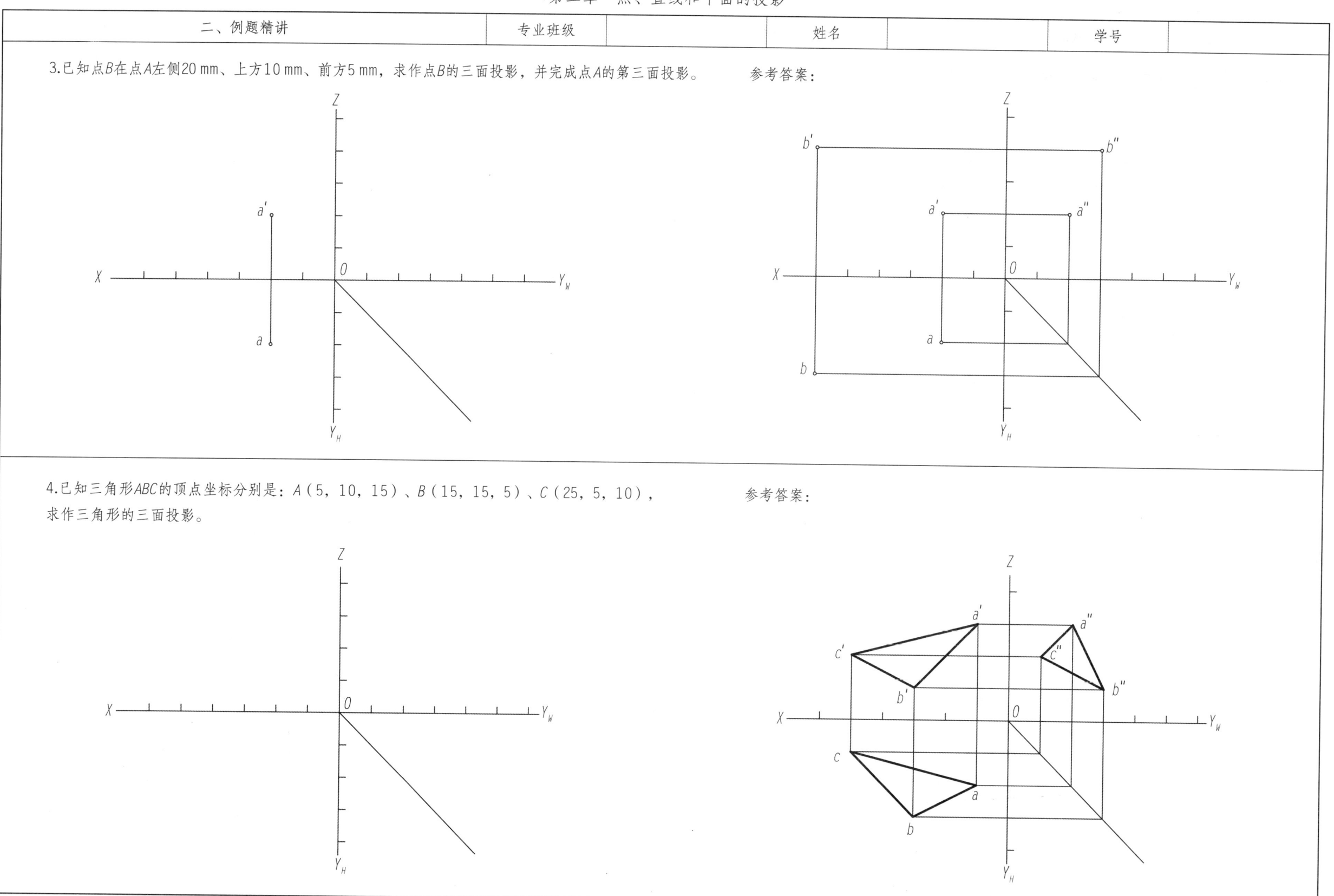

二、例题精讲	专业班级		姓名		学号	

3.已知点B在点A左侧20 mm、上方10 mm、前方5 mm，求作点B的三面投影，并完成点A的第三面投影。

参考答案：

4.已知三角形ABC的顶点坐标分别是：A(5，10，15)、B(15，15，5)、C(25，5，10)，求作三角形的三面投影。

参考答案：

第二章　点、直线和平面的投影

| 二、例题精讲 | 专业班级 | 姓名 | 学号 |

5.已知平面ABCD的水平投影，又知边AB和边AD的正面投影，试补画平面ABCD的其他两面投影。

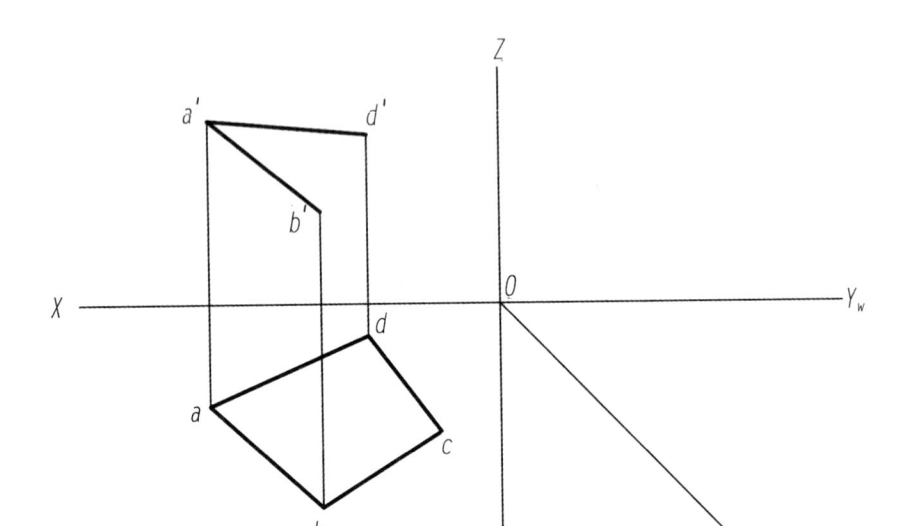

参考答案：

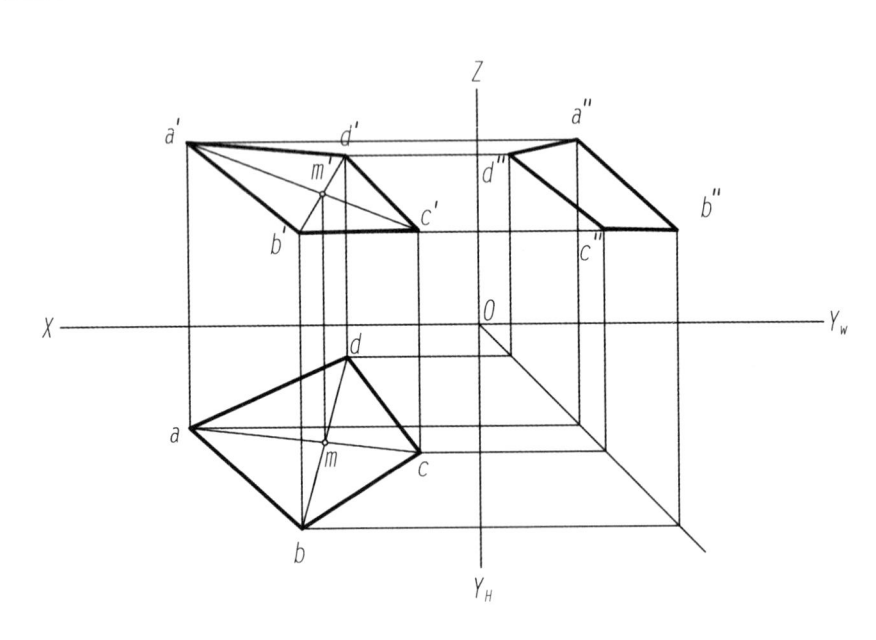

6.过△ABC的顶点A作该平面内的正平线AM和水平线AN。

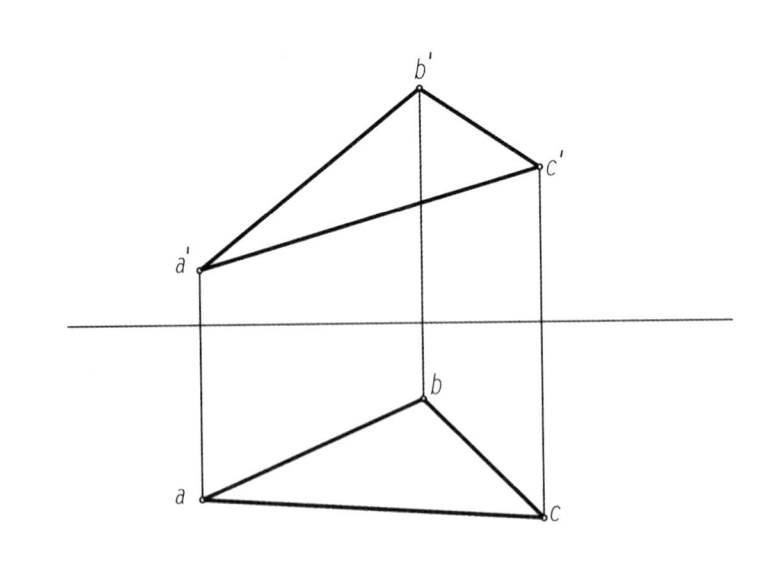

参考答案：

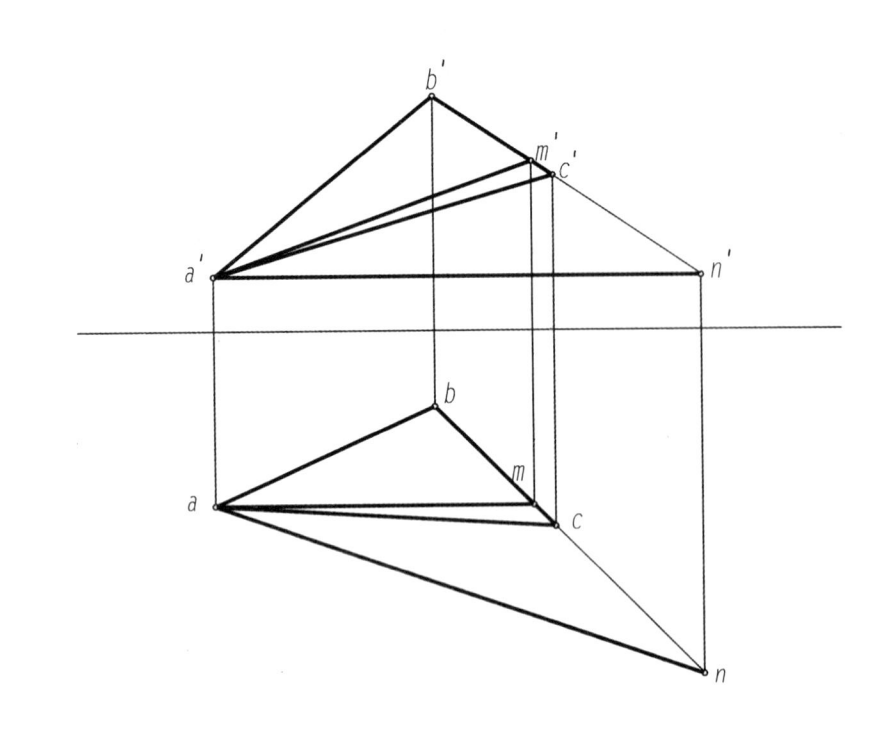

第二章 点、直线和平面的投影

三、练习题

1. 已知点A、点B、点C的各一个投影a'、b、c"，并且三点到该投影面间的距离均为20，试补全点A、点B、点C的三面投影。

2. 已知直线AB的正面投影和侧面投影，求作直线AB的水平投影，并作出直线AB上点C的三面投影，使点C与H面、V面的距离相等。

3. 补画出正平线AB的水平投影和侧面投影。

4. 补画出侧平线EF的正面投影和水平投影。

5. 补画出直线MN的侧面投影和水平投影。

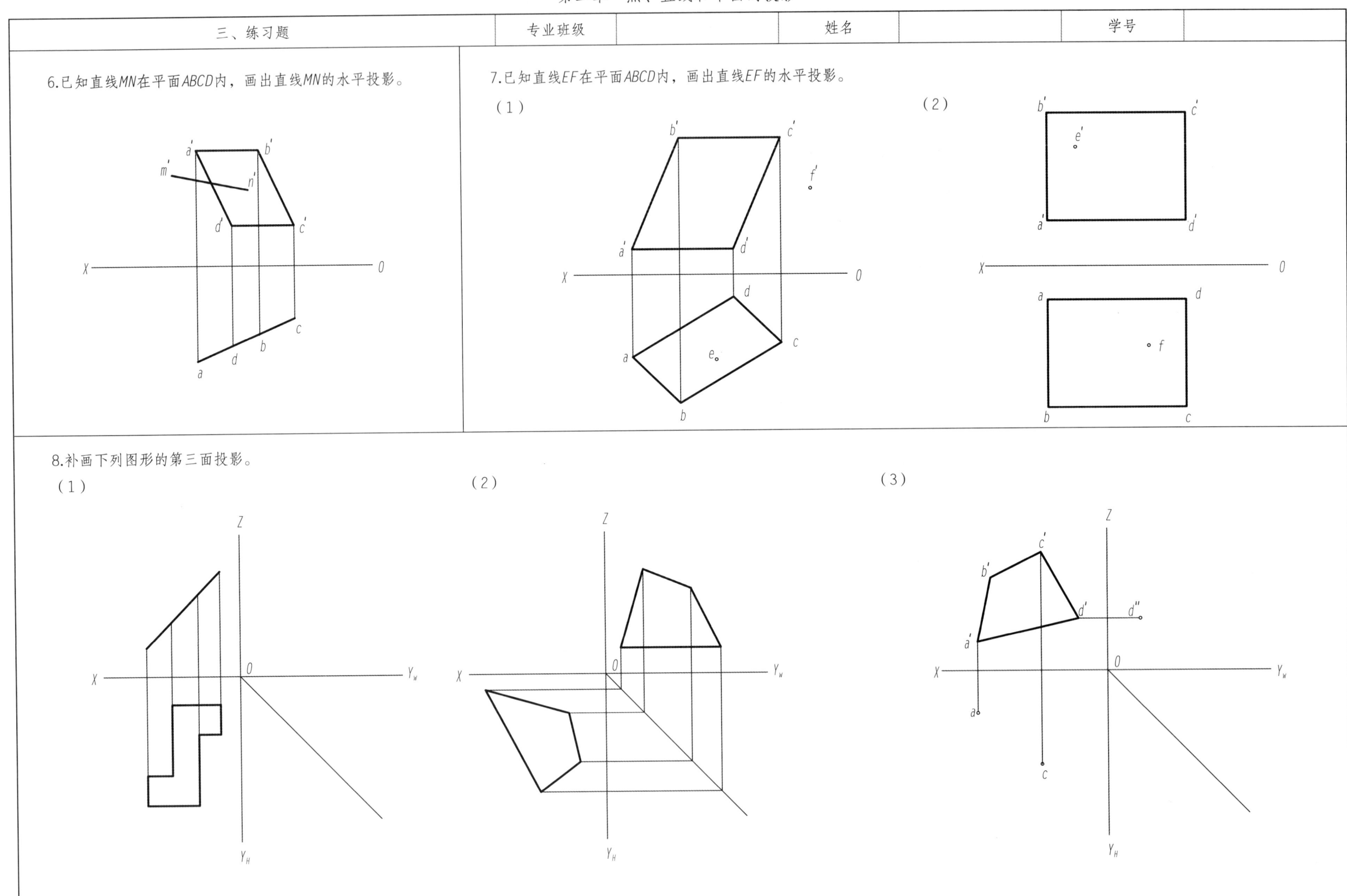

第二章　点、直线和平面的投影

三、练习题　　专业班级　　姓名　　学号

6. 已知直线MN在平面ABCD内，画出直线MN的水平投影。

7. 已知直线EF在平面ABCD内，画出直线EF的水平投影。

（1）

（2）

8. 补画下列图形的第三面投影。

（1）

（2）

（3）

第二章 点、直线和平面的投影

三、练习题参考答案

1. 已知点A、点B、点C的各一个投影a'、b、c″，并且三点到该投影面间的距离均为20，试补全A、B、C三点的三面投影。

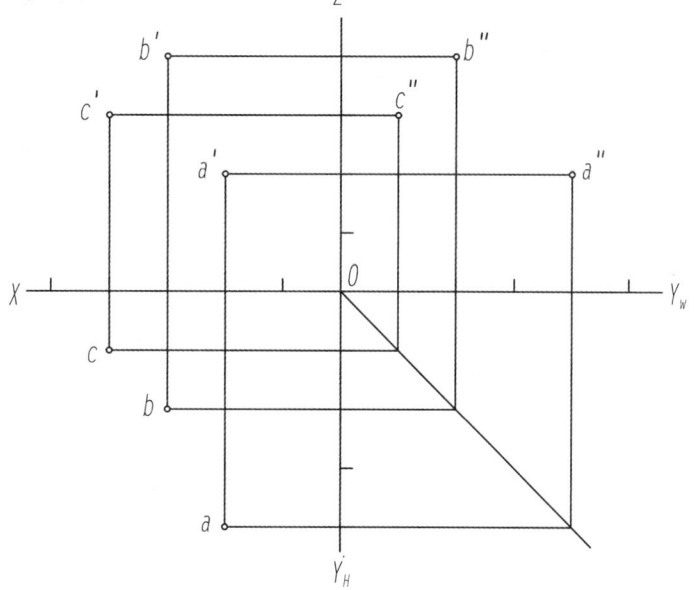

2. 已知AB的正面投影和侧面投影，求作直线AB的水平投影，并作出直线AB上点C的三面投影，使点C与H面、V面的距离相等。

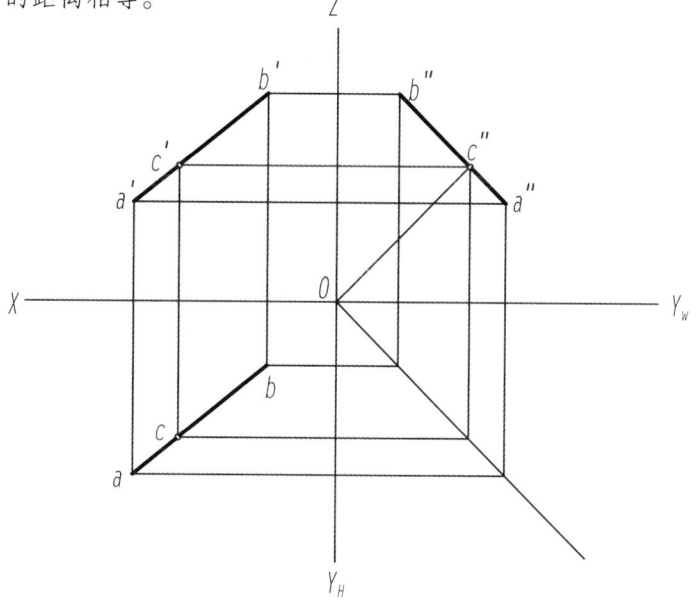

3. 补画出正平线AB的水平投影和侧面投影。

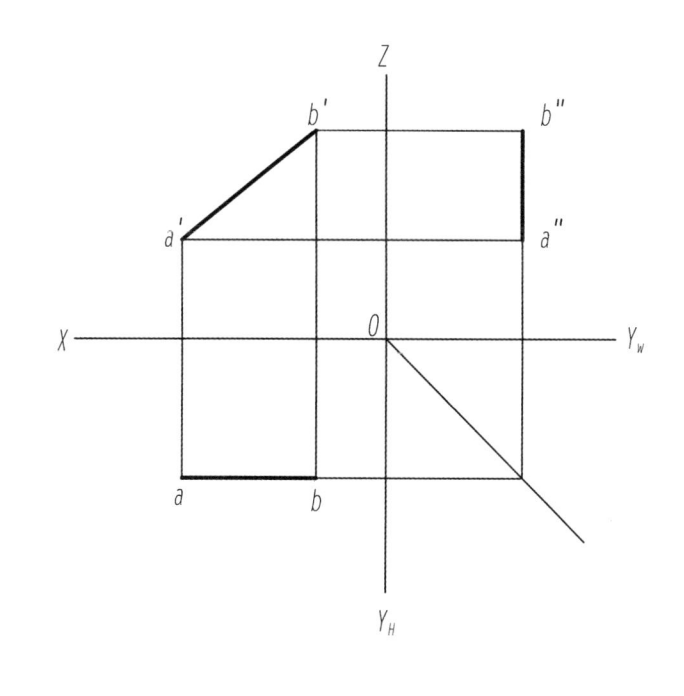

4. 补画出侧平线EF的正面投影和水平投影。

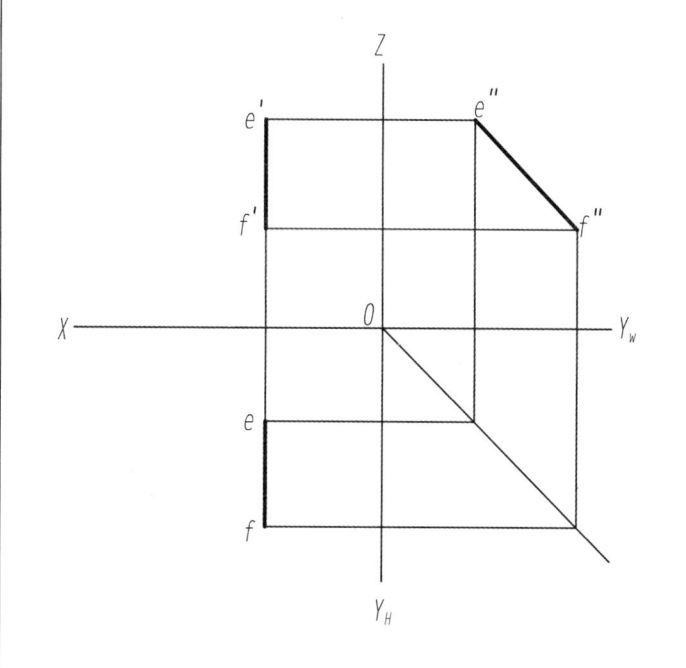

5. 补画出直线MN的侧面投影和水平投影。

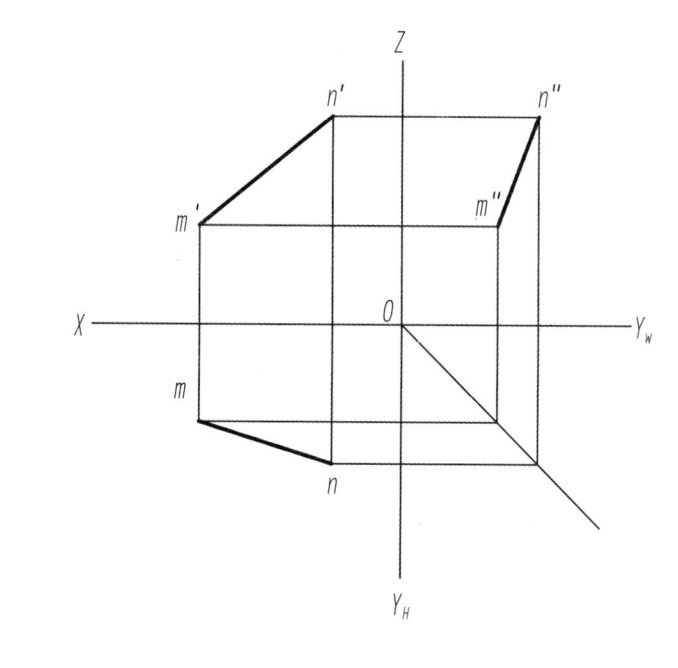

第二章 点、直线和平面的投影

三、练习题参考答案

6. 已知直线MN在平面ABCD内，画出直线MN的水平投影。

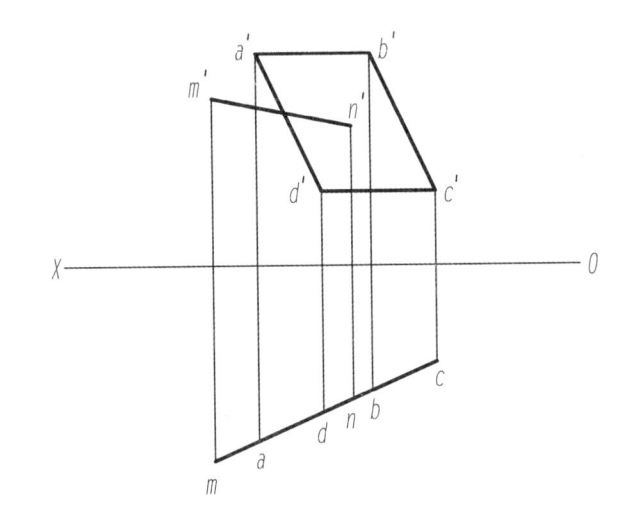

7. 已知直线EF在平面ABCD内，画出直线EF的水平投影。
（1）
（2）

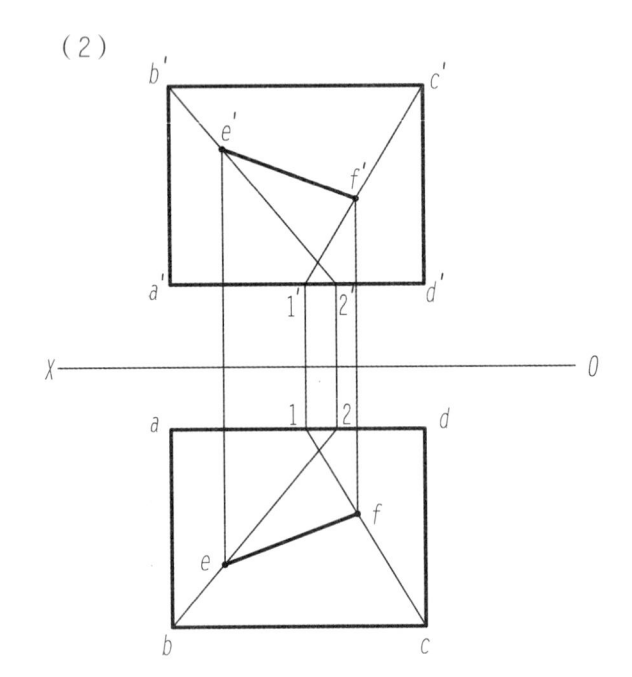

8. 补画下列图形的第三面投影。
（1）
（2）

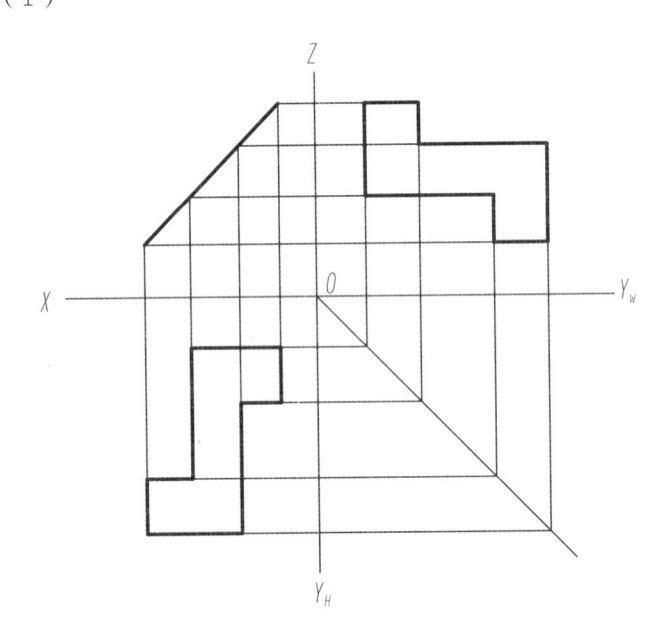

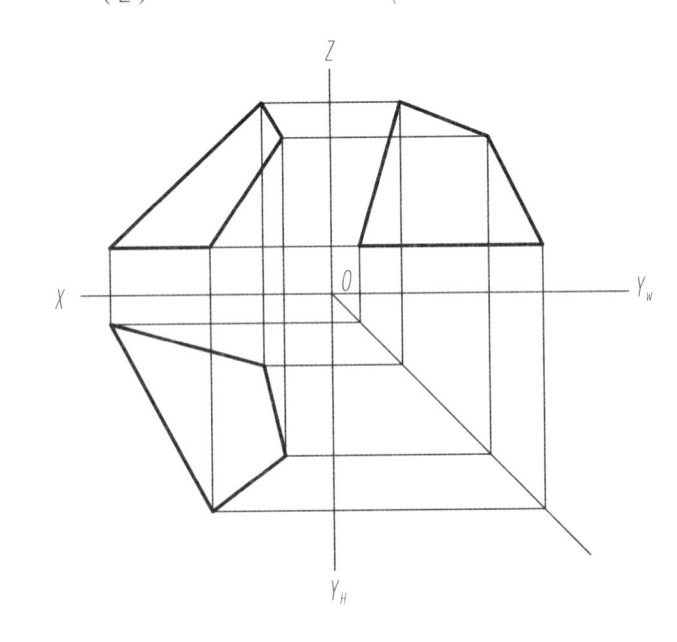

9. 试补全平面图形ABCD的另外两面投影。

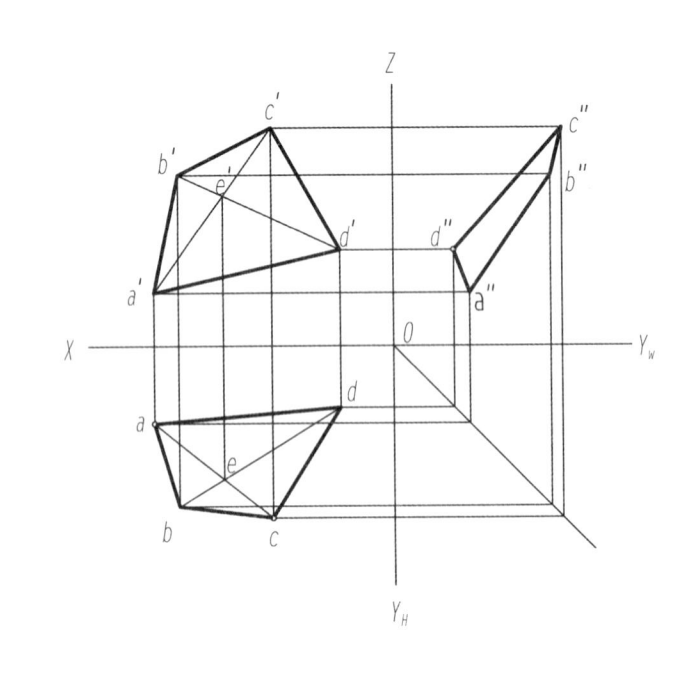

第三章 立体的投影

一、课前预习　　专业班级　　姓名　　学号

1. 作出三棱柱的侧面投影及其表面上点的另外两面投影。

2. 作出三棱柱的侧面投影及其表面上点的另外两投影。

3. 作出圆柱的侧面投影及其表面上点的另外两面投影。

4. 作出圆锥的侧面投影及其表面上点的另外两面投影。

第三章　立体的投影

| 一、课前预习参考答案 | 专业班级 | 姓名 | 学号 |

1. 作出三棱柱的侧面投影及其表面上点的另外两面投影。

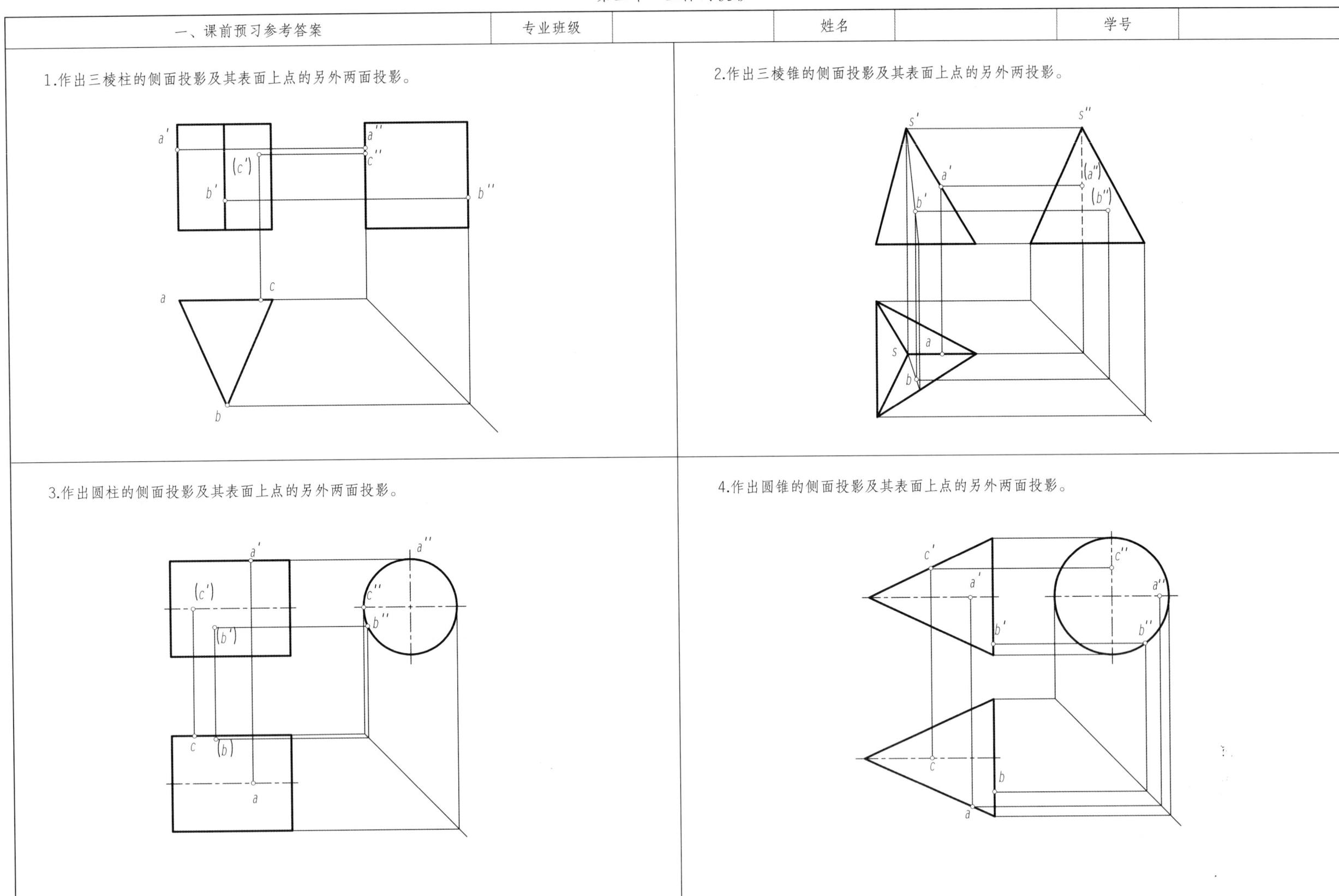

2. 作出三棱锥的侧面投影及其表面上点的另外两投影。

3. 作出圆柱的侧面投影及其表面上点的另外两面投影。

4. 作出圆锥的侧面投影及其表面上点的另外两面投影。

第三章 立体的投影

二、例题精讲 | 专业班级 | 姓名 | 学号

1. 作出三棱柱的侧面投影及其表面点和线的投影。

参考答案：

2. 作出六棱柱的侧面投影及其表面上线的另外两面投影。

参考答案：

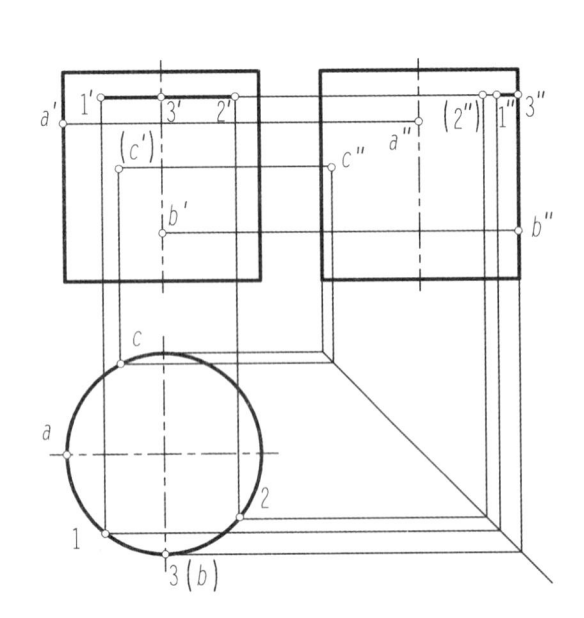

第三章 立体的投影

二、例题精讲 | 专业班级 | 姓名 | 学号

3. 作出三棱柱的侧面投影及其表面上点和线的另外两面投影。

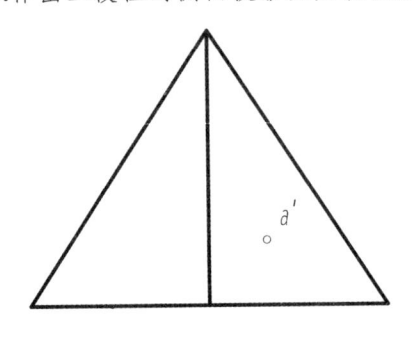

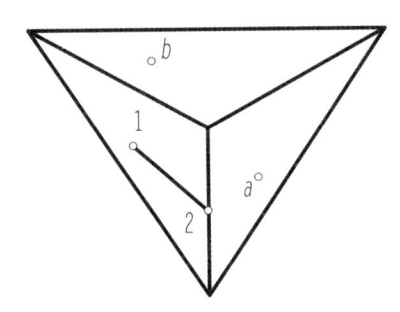

参考答案：

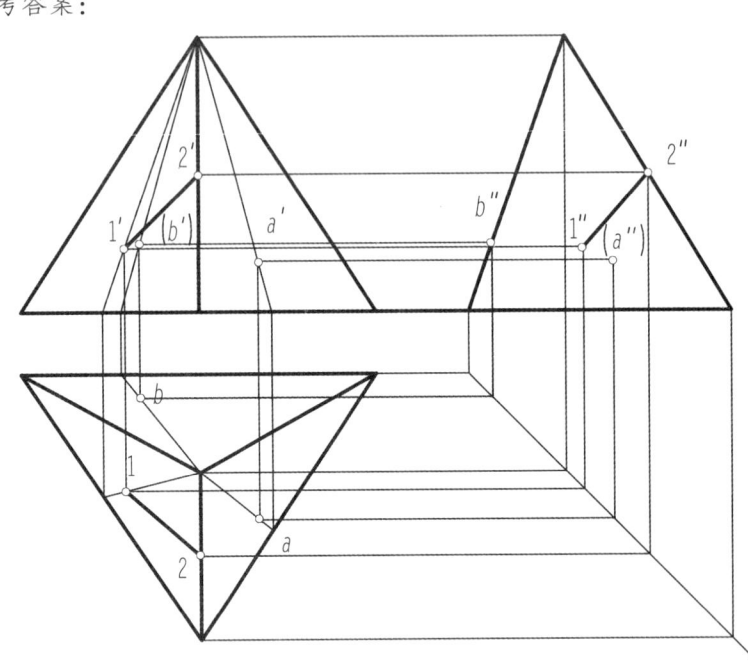

4. 作出圆柱的侧面投影及其表面上点和线的另外两面投影。

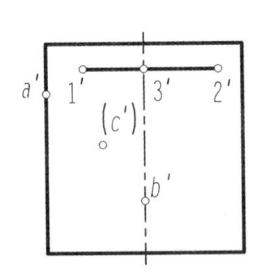

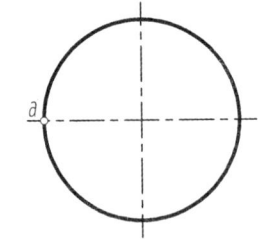

参考答案：

| 二、例题精讲 | 专业班级 | 姓名 | 学号 |

5.作出圆锥的侧面投影及其表面上点和线的另外两面投影。 参考答案：

6.作出圆球的侧面投影及其表面上点的另外两面投影。 参考答案：

第三章　立体的投影

三、练习题　　专业班级　　姓名　　学号

1. 作出五棱柱的水平投影及其表面上点和线的另外两面投影。

2. 作出四棱柱表面上线 AB、BC 的正面和侧面投影。

3. 作出六棱柱的侧面投影及其表面上线 AB 的另外两面投影。

4. 求三棱锥的侧面投影及其表面上点的投影。

第三章 立体的投影

三、练习题 | 专业班级 | 姓名 | 学号

5. 作出三棱锥的侧面投影及其表面上线 *AB* 的另外两面投影。

6. 作出四棱锥的侧面投影及其表面上点的另外两面投影。

7. 作出三棱锥的侧面投影及其表面上线 *AB*、*BC*、*CA* 的另外两面投影。

8. 作出圆柱的侧面投影及其表面上线的另外两面投影。

第三章 立体的投影

| 三、练习题 | 专业班级 | 姓名 | 学号 |

9. 求圆锥的侧面投影及其表面上点和线的投影。

10. 求圆锥的侧面投影及其表面上点和线的投影。

11. 作出球表面上点的另外两面投影。

12. 求作球表面上线AB的另外两面投影。

第三章 立体的投影

三、练习题参考答案 专业班级 姓名 学号

1. 作出五棱柱的水平投影及其表面上点和线的另外两面投影。

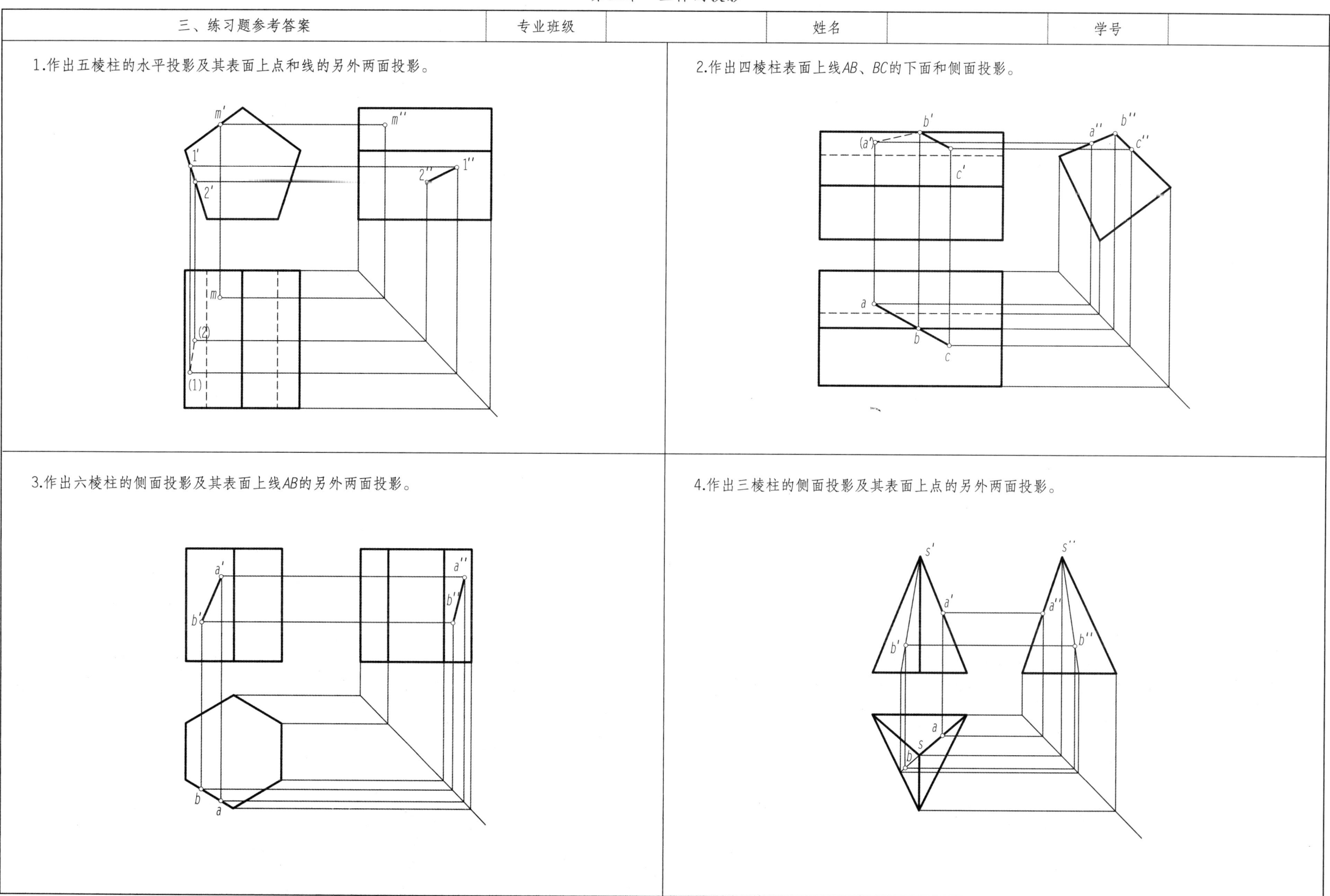

2. 作出四棱柱表面上线AB、BC的下面和侧面投影。

3. 作出六棱柱的侧面投影及其表面上线AB的另外两面投影。

4. 作出三棱柱的侧面投影及其表面上点的另外两面投影。

第三章 立体的投影

三、练习题参考答案

5. 作出三棱锥的侧面投影及其表面上线AB的另外两面投影。

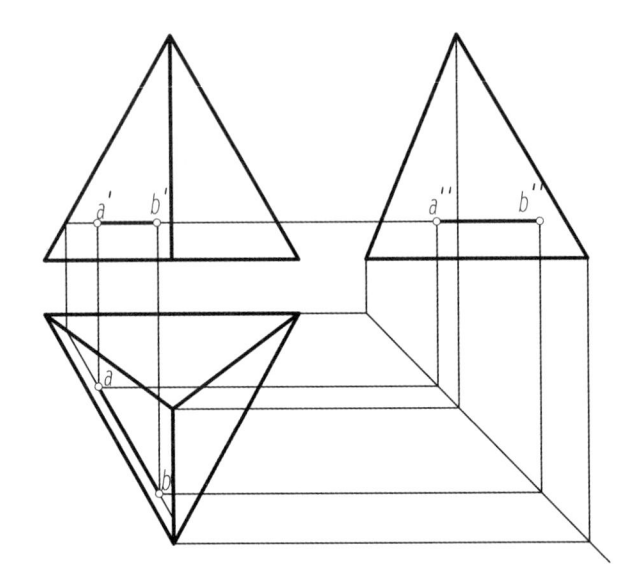

6. 作出四棱锥的侧面投影及其表面上点的另外两面投影。

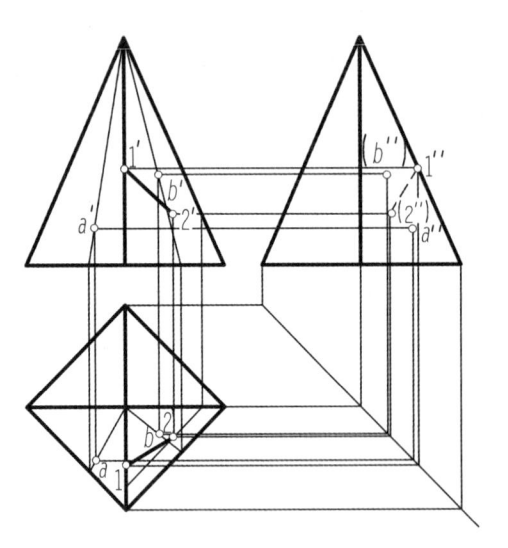

7. 作出三棱锥的侧面投影及其表面上的线AB、BC、CA的另外两面投影。

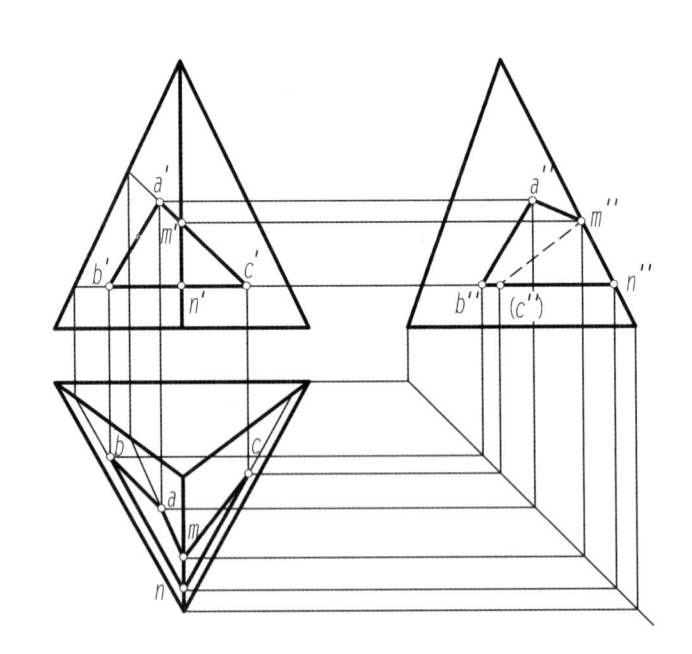

8. 作出圆柱的侧面投影及其表面上线的另外两面投影。

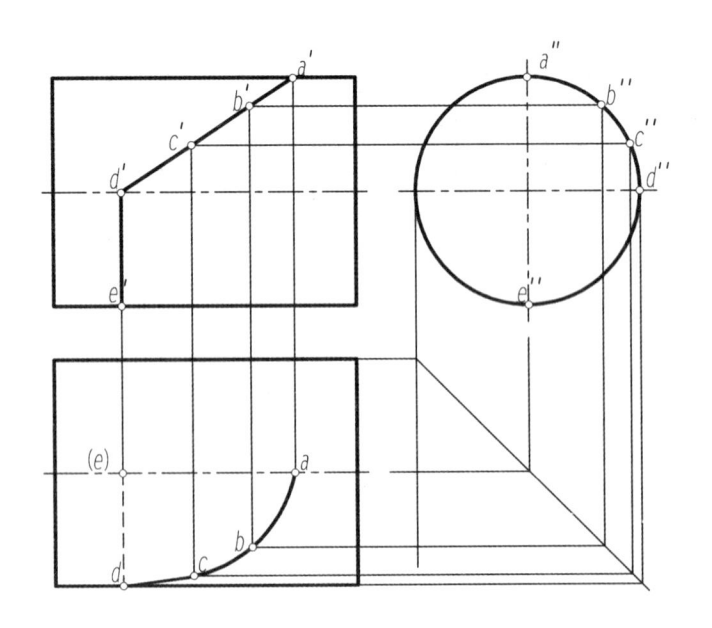

第三章 立体的投影

| 三、练习题参考答案 | 专业班级 | 姓名 | 学号 |

9. 作出圆锥的侧面投影及其表面上点和线的另外两面投影。

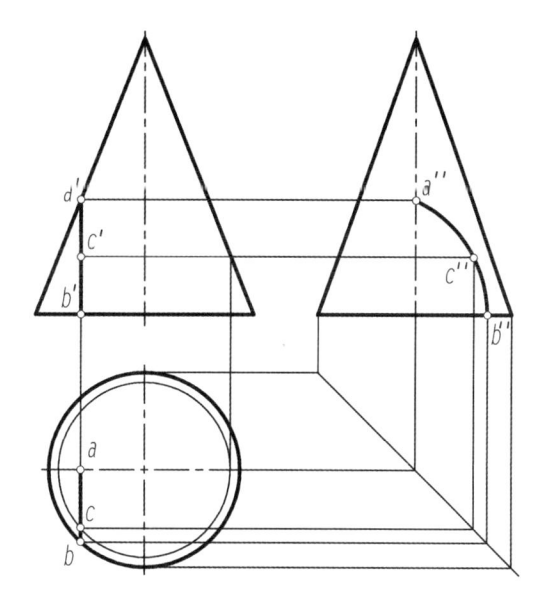

10. 作出圆锥的侧面投影及其表面上点和线的另外两面投影。

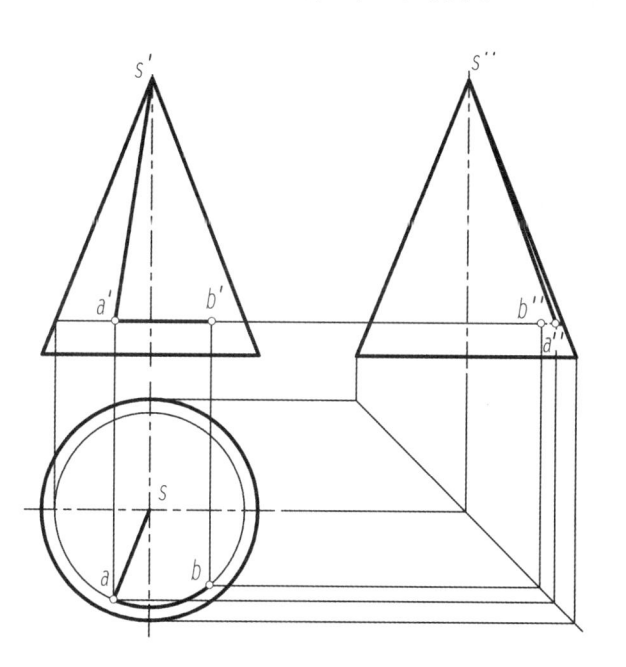

11. 作出球表面上点的另外两面投影。

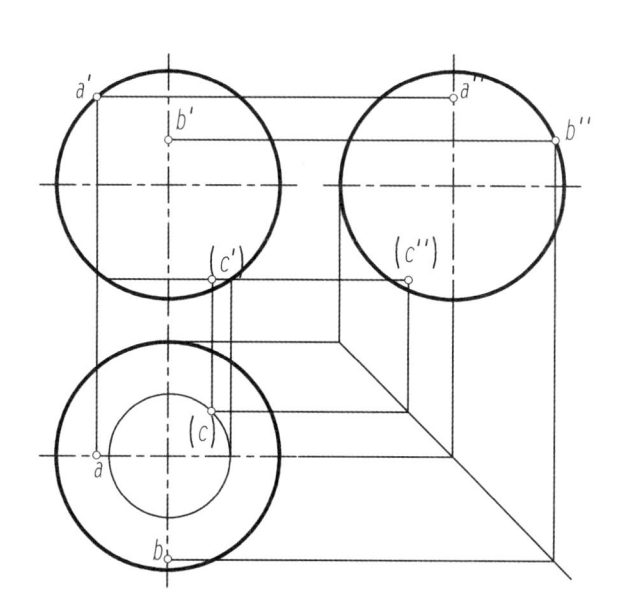

12. 作出球表面上线AB的另外两面投影。

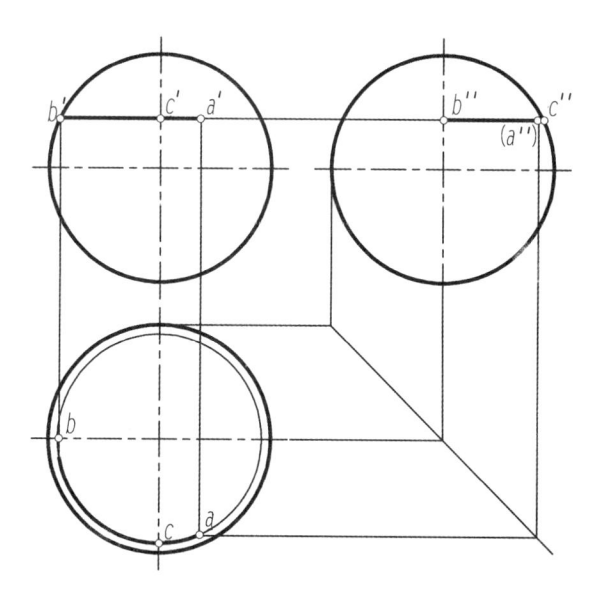

| 一、课前预习 | 专业班级 | | 姓名 | | 学号 | |

1.完成平面立体被截切后的水平投影，并作出侧面投影。

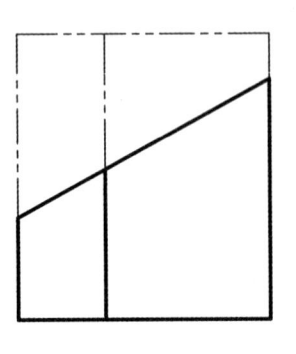

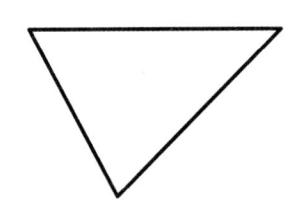

2.完成曲面立体被截切后的水平投影，并作出侧面投影。
（1）　　　　　　　　　　　　　　　　　　　　　　　（2）

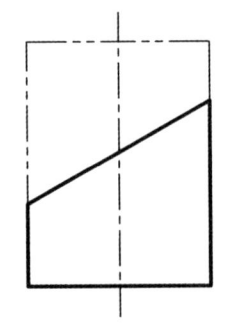

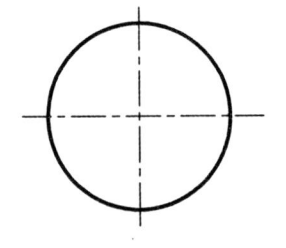

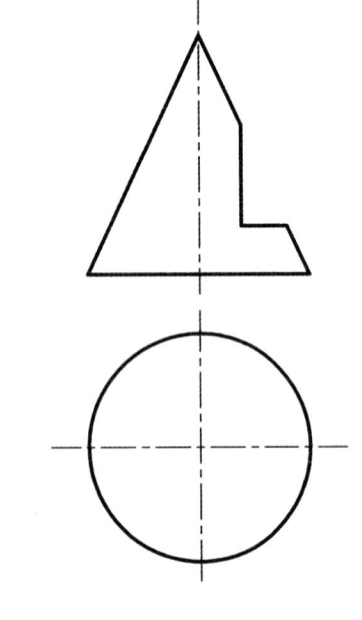

第四章 平面与立体相交

| 一、课前预习答案 | 专业班级 | | 姓名 | | 学号 | |

1.完成平面立体被截切后的水平投影，并作出侧面投影。

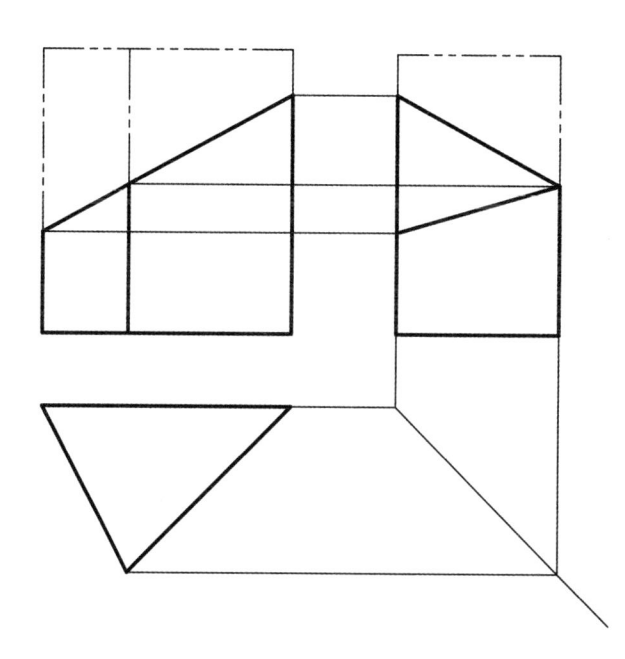

2.完成曲面立体被截切后的水平投影，并作出侧面投影。
（1） （2）

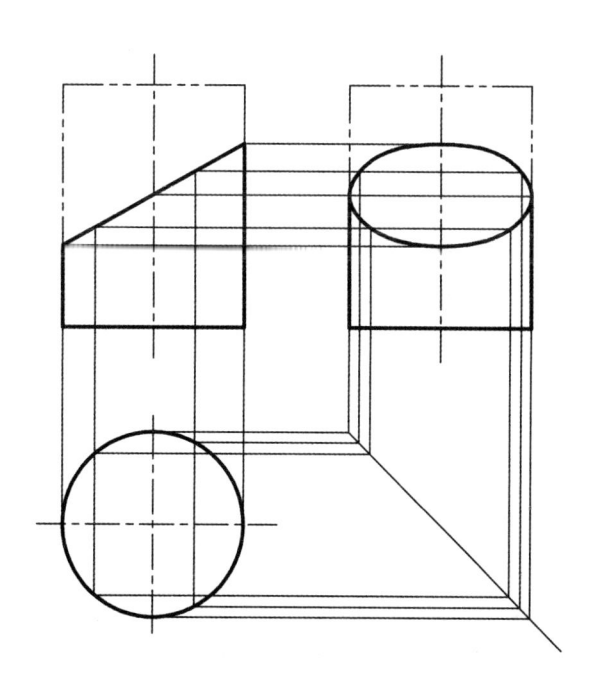

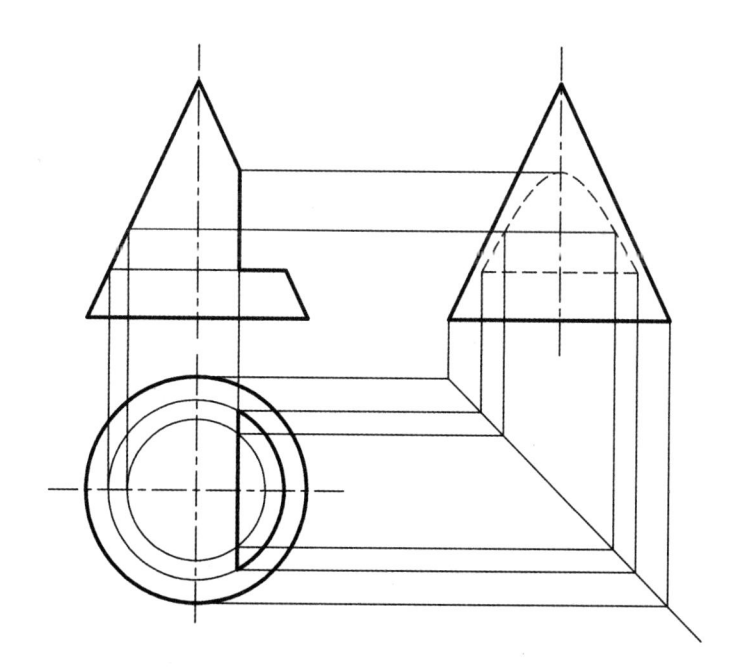

第四章　平面与立体相交

二、例题精讲

1.完成平面立体被截切后的水平投影,并作出侧面投影。

（1）

参考答案：

（2）

参考答案：

第四章 平面与立体相交

二、例题精讲　　专业班级　　姓名　　学号

（3）

参考答案：

（4）

参考答案：

第四章　平面与立体相交

二、例题精讲

2.完成曲面立体被截切后的水平投影，并作出侧面投影。

（1）　　　　　　　　　　　　　参考答案：

（2）　　　　　　　　　　　　　参考答案：

第四章 平面与立体相交

| 二、例题精讲 | 专业班级 | | 姓名 | | 学号 | |

(3) 参考答案:

(4) 参考答案:

第四章　平面与立体相交

二、例题精讲

（5）

参考答案：

（6）

参考答案：

第四章　平面与立体相交						
三、练习题		专业班级		姓名		学号

1. 完成平面立体被截切后的水平投影与侧面投影。

（1）

（2）

（3）

（4）

第四章　平面与立体相交

三、练习题	专业班级	姓名	学号

(5)

(6)

2.完成曲面立体被截切后的水平投影，并作出侧面投影。

(1)

(2)

第四章　平面与立体相交

三、练习题　　专业班级　　姓名　　学号

(3)

(4)

(5)

(6)

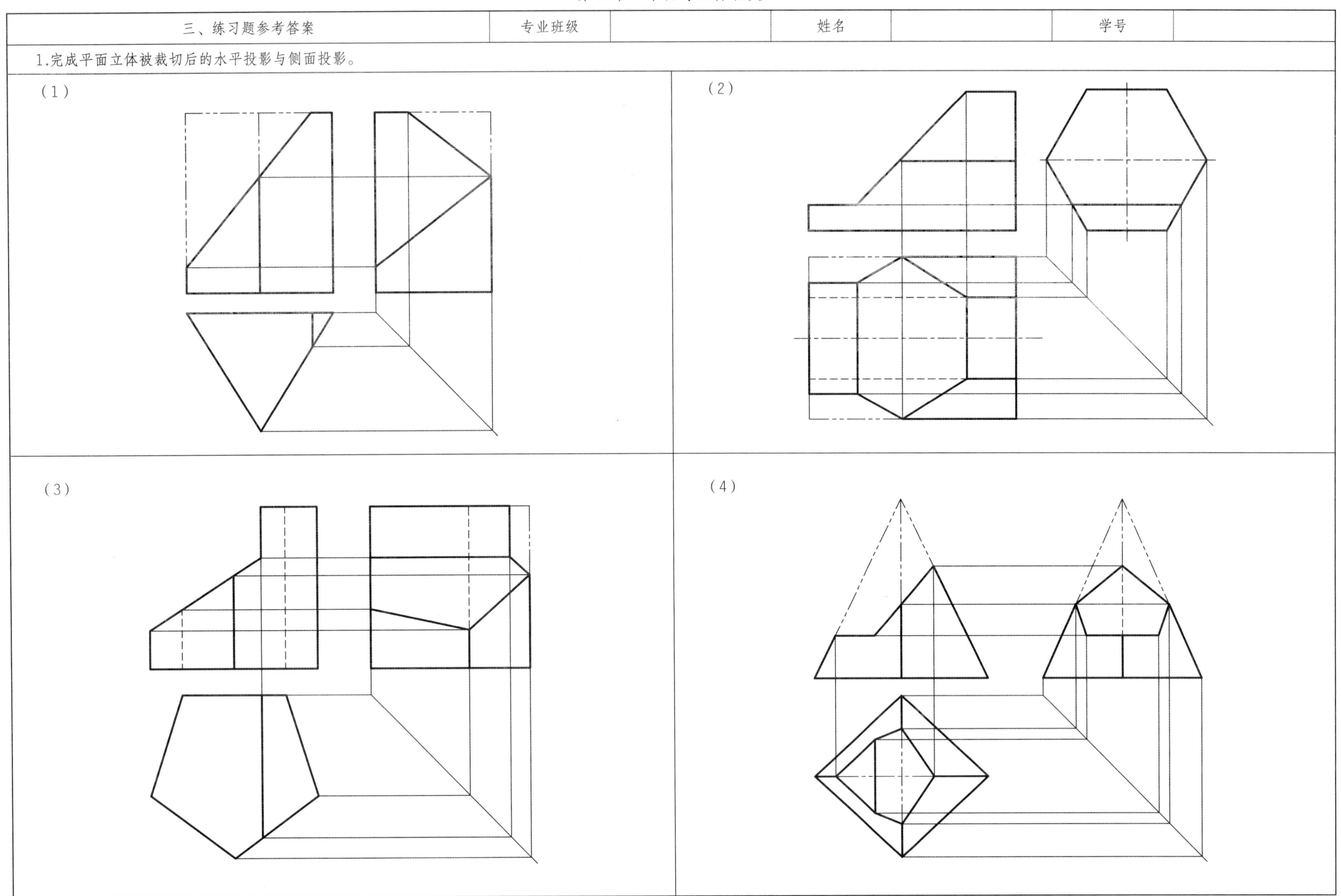

第四章 平面与立体相交

三、练习题参考答案

1. 完成平面立体被裁切后的水平投影与侧面投影。

（1）

（2）

（3）

（4）

第四章 平面与立体相交

三、练习题参考答案

（5）

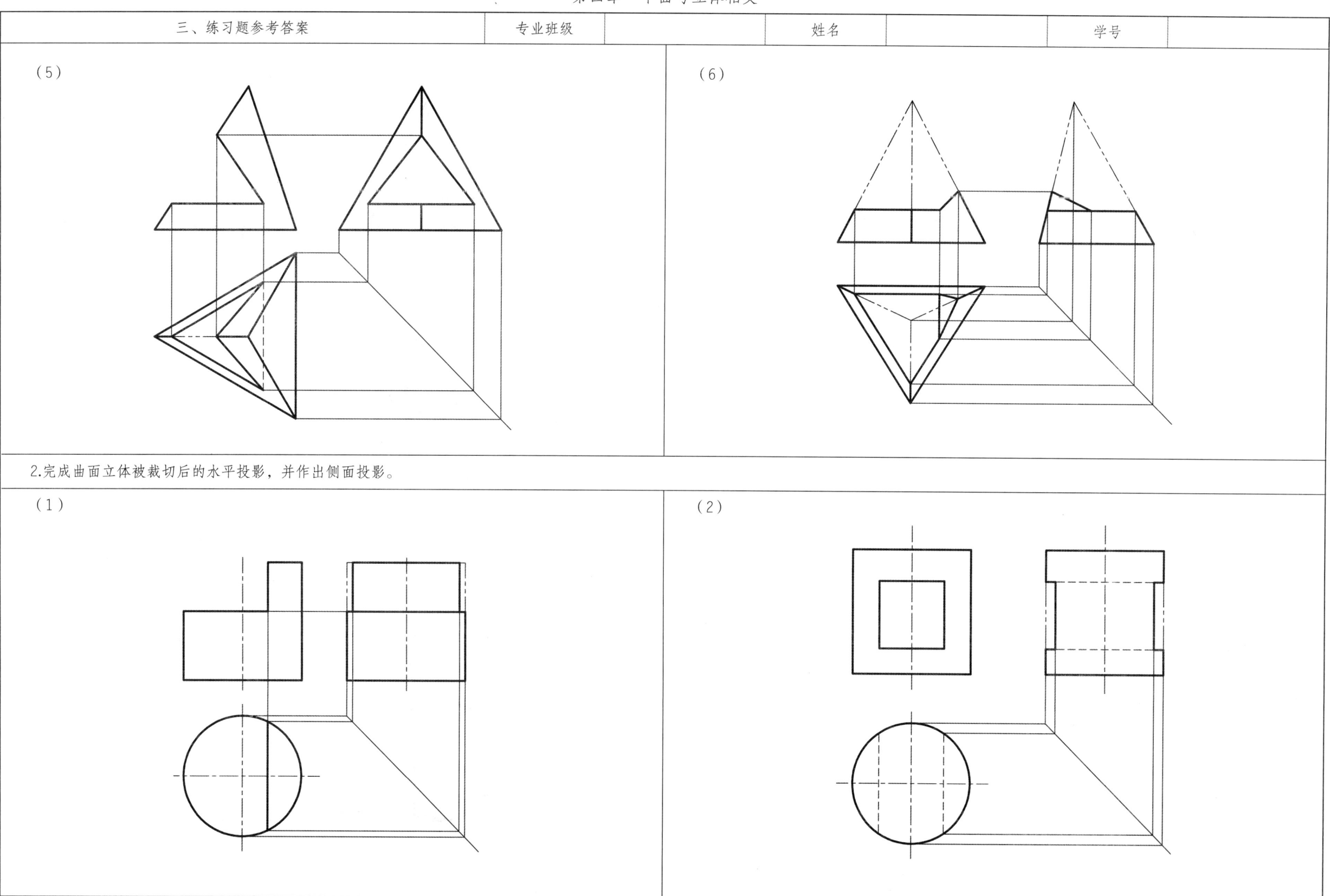

（6）

2.完成曲面立体被裁切后的水平投影，并作出侧面投影。

（1）

（2）

第四章　平面与立体相交

三、练习题参考答案

（3）

（4）

（5）

（6）

第五章 轴测投影

一、课前预习	专业班级		姓名		学号	

作出下列形体的正等轴测图。

(1)

(2)

第五章 轴测投影

一、课前预习　专业班级　　　姓名　　　学号

（3）

（4）

第五章　轴测投影

一、课前预习参考答案	专业班级		姓名		学号	

作出下列形体的正等轴测图。

（1）

（2）

第五章　轴测投影

一、课前预习参考答案

（3）

（4）

第五章　轴测投影

| 二、例题精讲 | 专业班级 | | 姓名 | | 学号 | |

作出下列形体的正等轴测图。

（1）

参考答案：

（2）

参考答案：

45

| 二、例题精讲 | 专业班级 | 姓名 | 学号 |

（3）

参考答案：

（4）

参考答案：

第五章 轴测投影

| 三、练习题 | 专业班级 | 姓名 | 学号 |

作出下列形体的正等轴测图。

（1）

（2）

| 三、练习题 | 专业班级 | 姓名 | 学号 |

(3)

(4)

| 三、练习题参考答案 | 专业班级 | 姓名 | 学号 |

作出下列形体的正等轴测图。

(1)

(2)

第五章 轴测投影

三、练习题参考答案

（3）

（4）

第六章　组合体

一、课前预习　专业班级　　　姓名　　　学号

1. 按切割步骤依次想出各部分的形状，并画出第三视图。

（1）

（2）

第六章 组合体

一、课前预习	专业班级	姓名	学号

2.标注组合体的尺寸（尺寸数值从图中量取，取整数1：1比例标出）。

（1）标注长方体的尺寸（需要3个尺寸）。

（2）标注切去左边角的尺寸（需要2个尺寸）。

（3）标注组合体的尺寸（需要7个尺寸）。

（4）标注组合体的尺寸（需要6个尺寸）。

第六章 组合体

一、课前预习参考答案　　专业班级　　姓名　　学号

1.按切割步骤依次想出各部分的形状，并画出第三视图。

（1）

（2）

第六章 组合体

一、课前预习参考答案 | 专业班级 | 姓名 | 学号

2.标注组合体的尺寸（尺寸数值从图中量取，取整数1：1比例标出）。

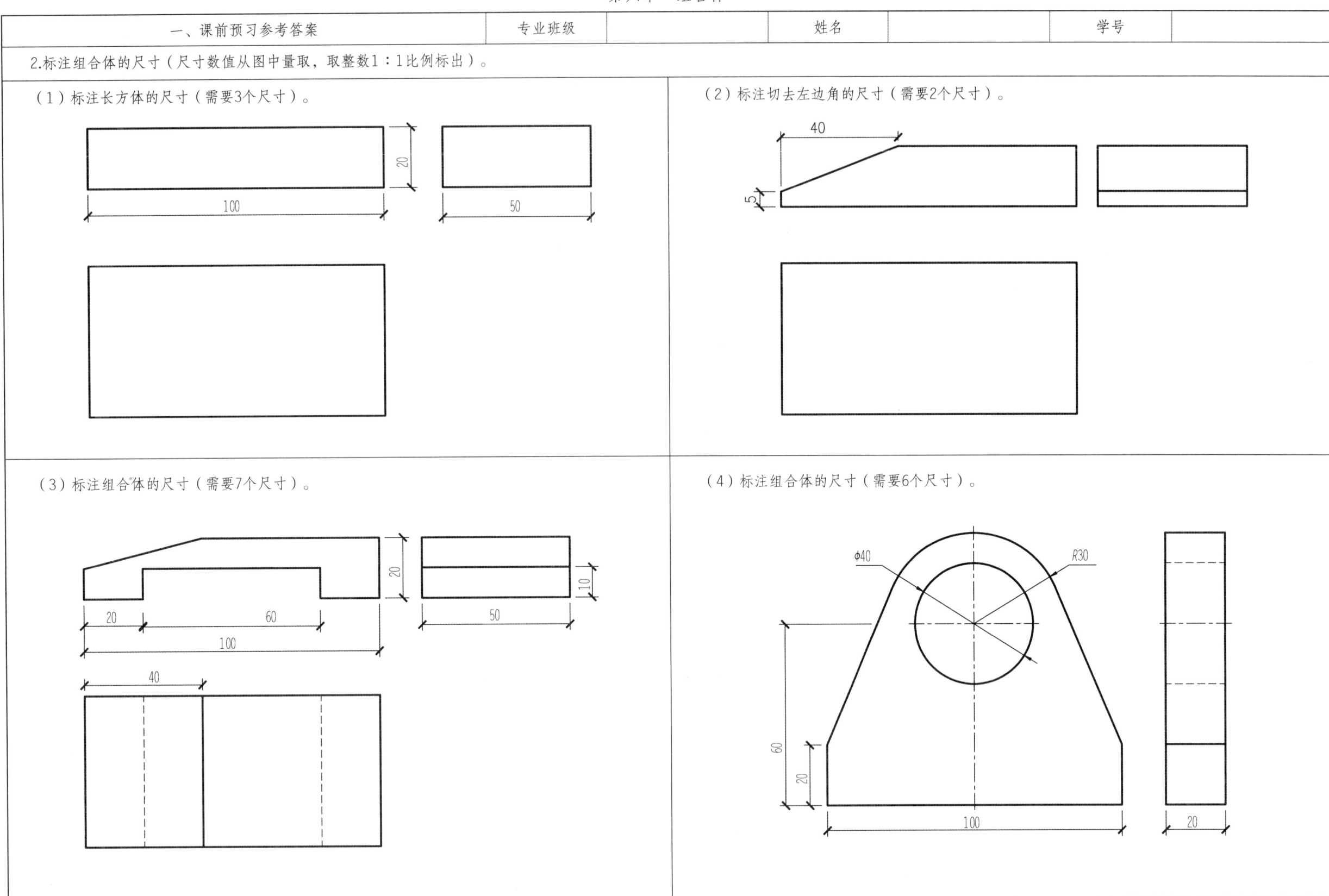

（1）标注长方体的尺寸（需要3个尺寸）。

（2）标注切去左边角的尺寸（需要2个尺寸）。

（3）标注组合体的尺寸（需要7个尺寸）。

（4）标注组合体的尺寸（需要6个尺寸）。

第六章 组合体

二、例题精讲 | 专业班级 | 姓名 | 学号

1.按照形体分析法画出组合体的三个视图（箭头方向为主视图方向，尺寸直接从轴测图中读取）。

（1） 参考答案：

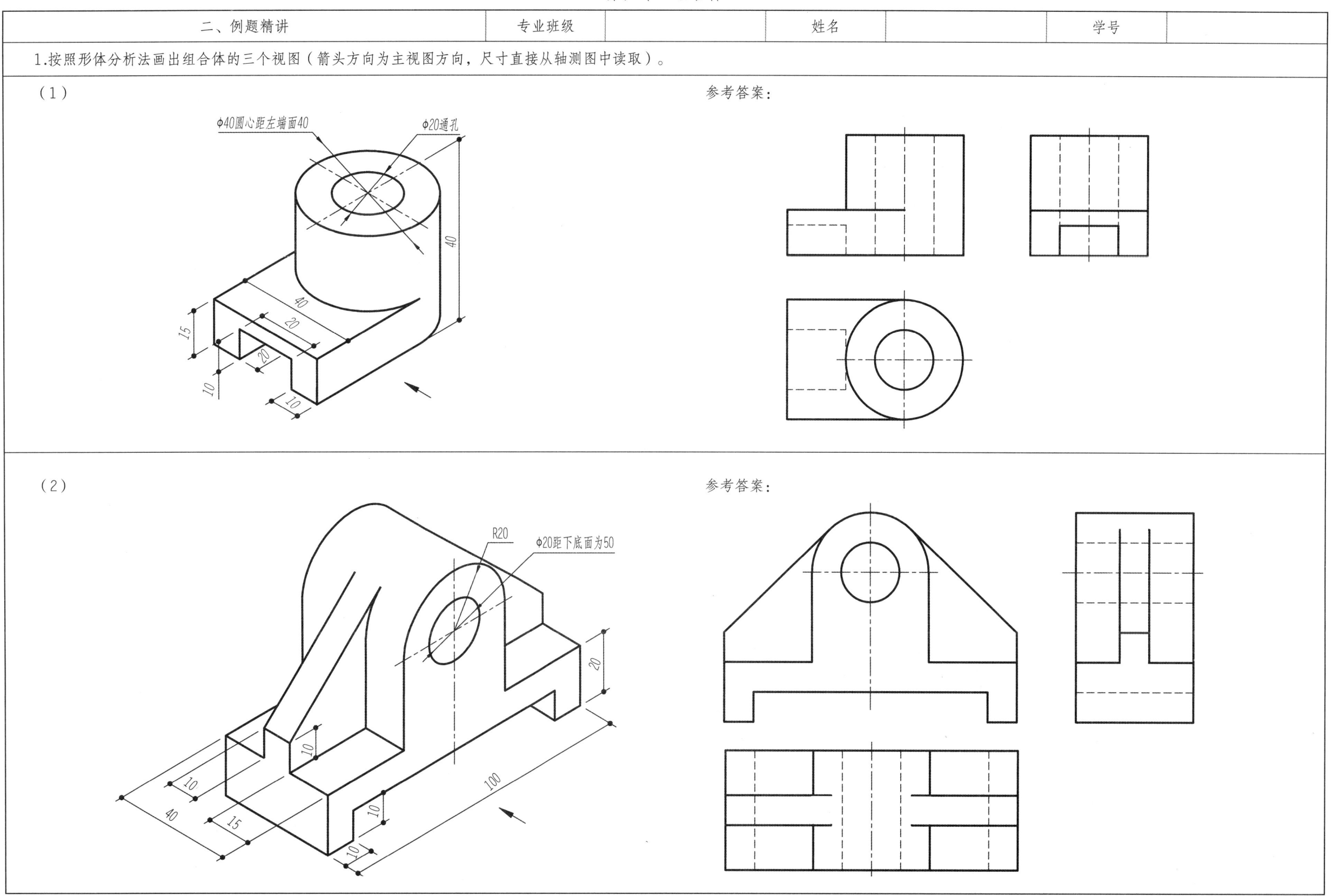

（2） 参考答案：

55

第六章 组合体

二、例题精讲	专业班级	姓名	学号

2. 按照形体分析法和线面分析法画出组合体的三个视图（箭头方向为主视图方向，尺寸直接从轴测图中读取）。

（1）　　　　　　　　　　　　　　　　　　　　参考答案：

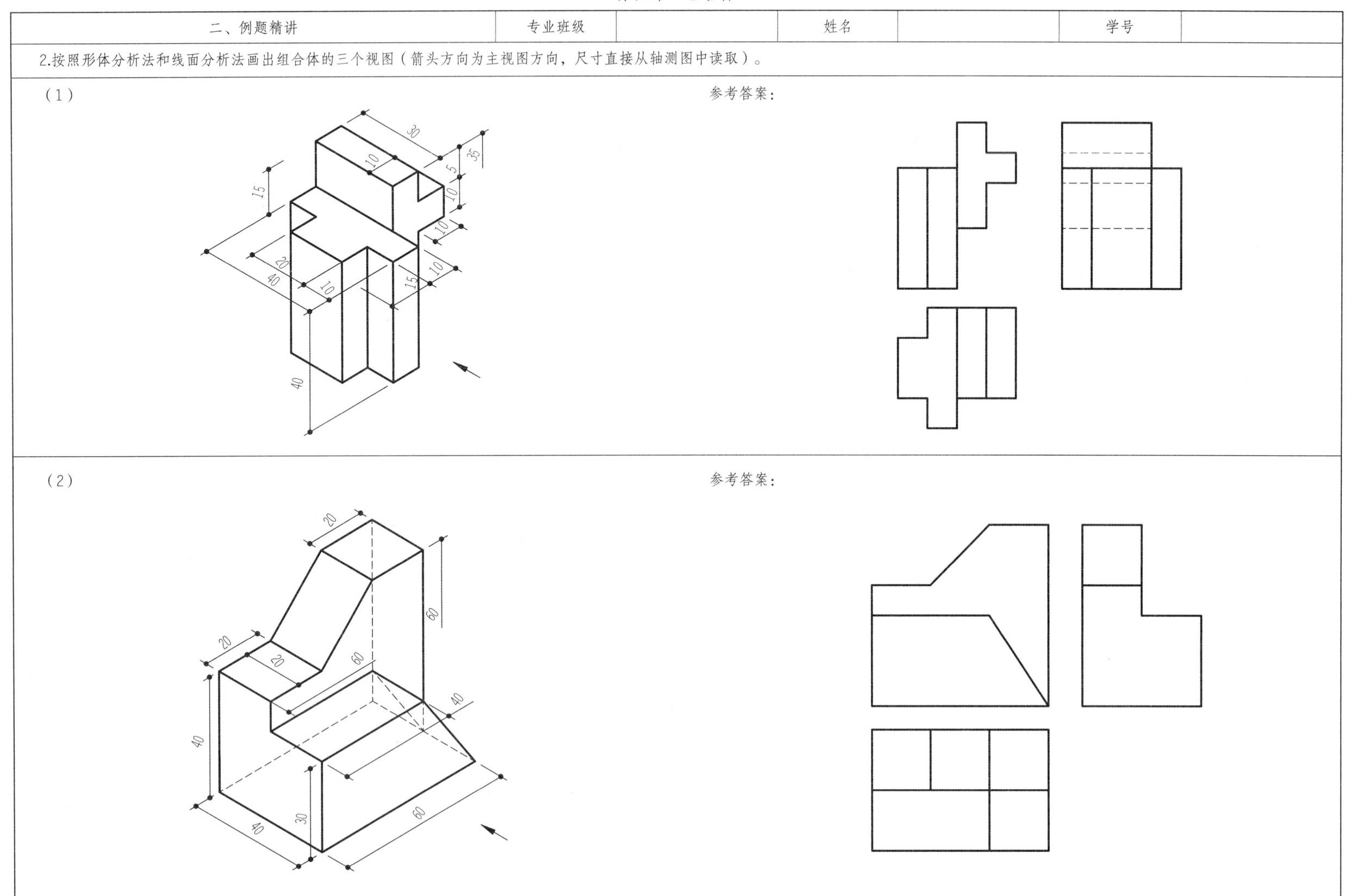

（2）　　　　　　　　　　　　　　　　　　　　参考答案：

第六章 组合体

二、例题精讲

3. 标注下列组合体的尺寸（数值比例1∶1，直接从图上量取，取整数）。

(1) 参考答案：R20, 40, 10, 2φ40, 40, 60

(2) 参考答案：4φ10, 30, 40, 60, 80, 40, 60

第六章 组合体

三、练习题	专业班级	姓名	学号

1. 按切割步骤依次想出各部分的形状，并画出第三视图。

（1）

（2）

第六章　组合体

| 三、练习题 | 专业班级 | 姓名 | 学号 |

2.画出组合体的第三视图。

（1）

（2）

（3）

（4）

| 三、练习题参考答案 | 专业班级 | | 姓名 | | 学号 | |

3.标注组合体的尺寸（尺寸由图中量取，取整数）。

（1）

（2）

三、练习题参考答案	专业班级		姓名		学号	

1. 按切割步骤依次想出各部分的形状，并画出第三视图。

（1）

（2）

第六章 组合体

| 三、练习题参考答案 | 专业班级 | | 姓名 | | 学号 | |

2. 画出组合体的第三视图。

（1）

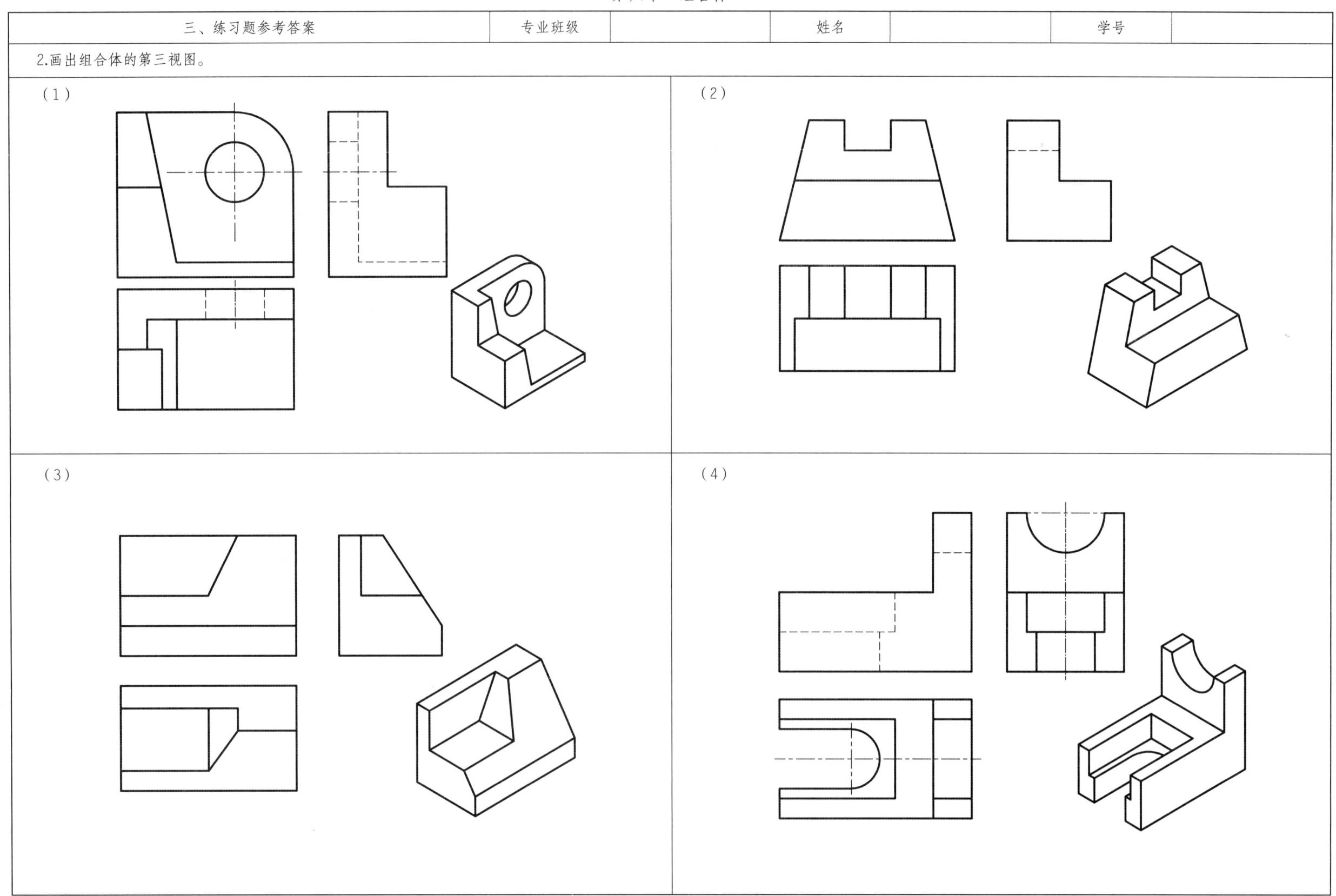

（2）

（3）

（4）

第六章 组合体

三、练习题参考答案	专业班级	姓名	学号

3. 标注组合体的尺寸（尺寸由图中量取，取整数）。

（1）

（2）

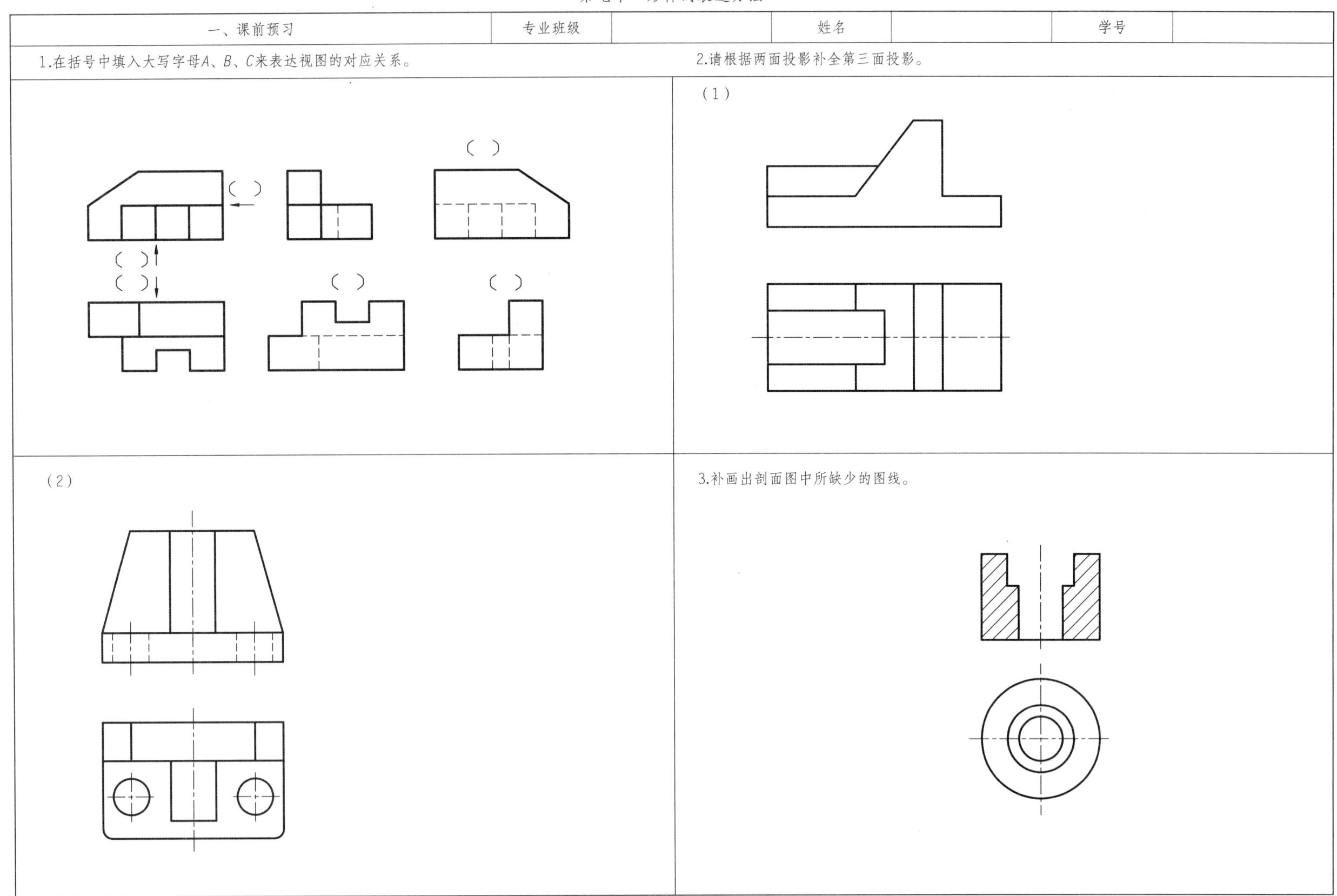

第七章　形体的表达方法

一、课前预习　　专业班级　　姓名　　学号

1. 在括号中填入大写字母A、B、C来表达视图的对应关系。

2. 请根据两面投影补全第三面投影。

（1）

（2）

3. 补画出剖面图中所缺少的图线。

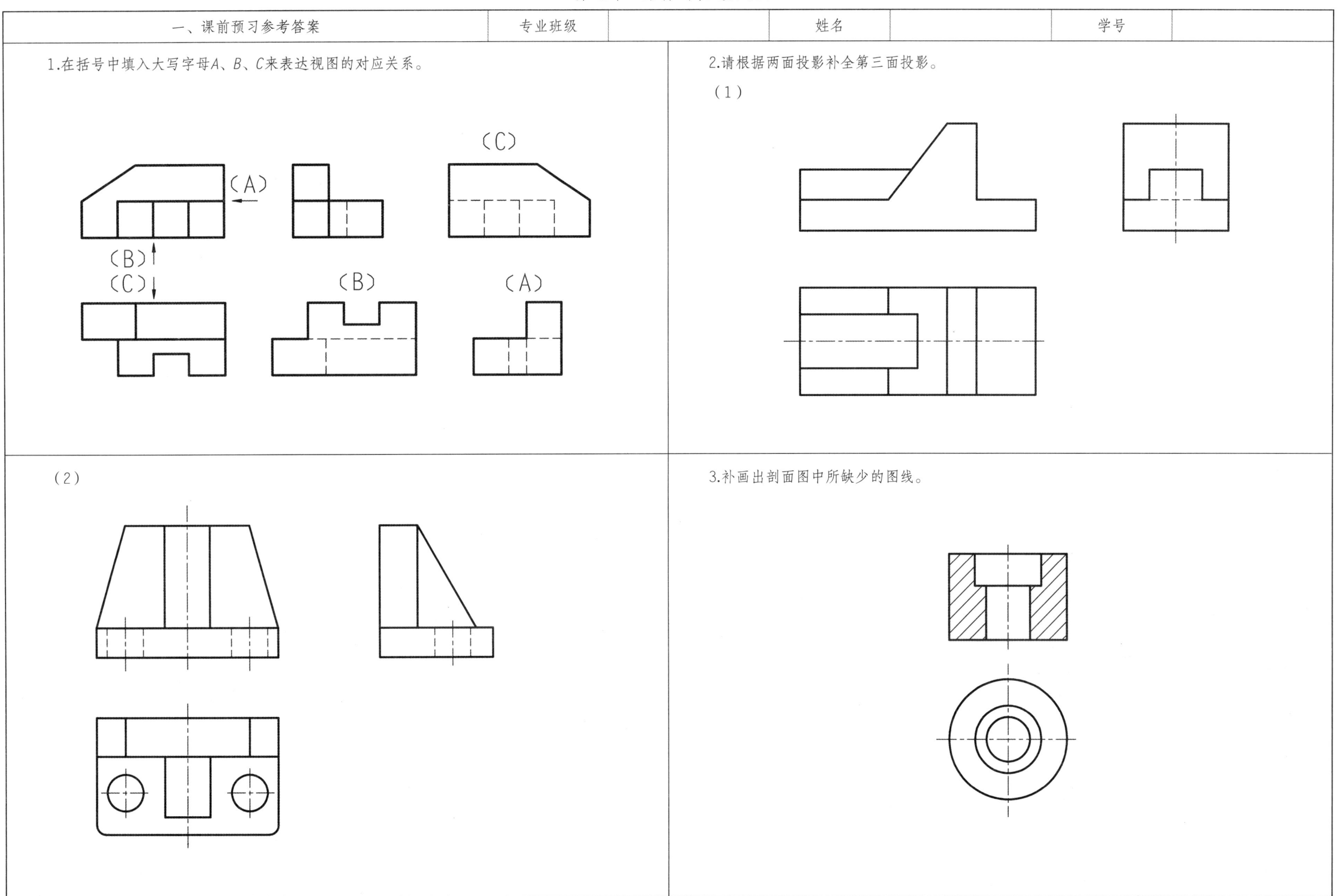

第七章　形体的表达方法

一、课前预习参考答案　　专业班级　　姓名　　学号

1. 在括号中填入大写字母A、B、C来表达视图的对应关系。

2. 请根据两面投影补全第三面投影。

（1）

（2）

3. 补画出剖面图中所缺少的图线。

65

| 二、例题精讲 | 专业班级 | 姓名 | 学号 |

1.补画出形体的全剖左视图。

参考答案:

二、例题精讲

2.将下列形体的主视图改画成半剖面图，左视图改画成全剖面图。

| 二、例题精讲 | 专业班级 | 姓名 | 学号 |

参考答案：

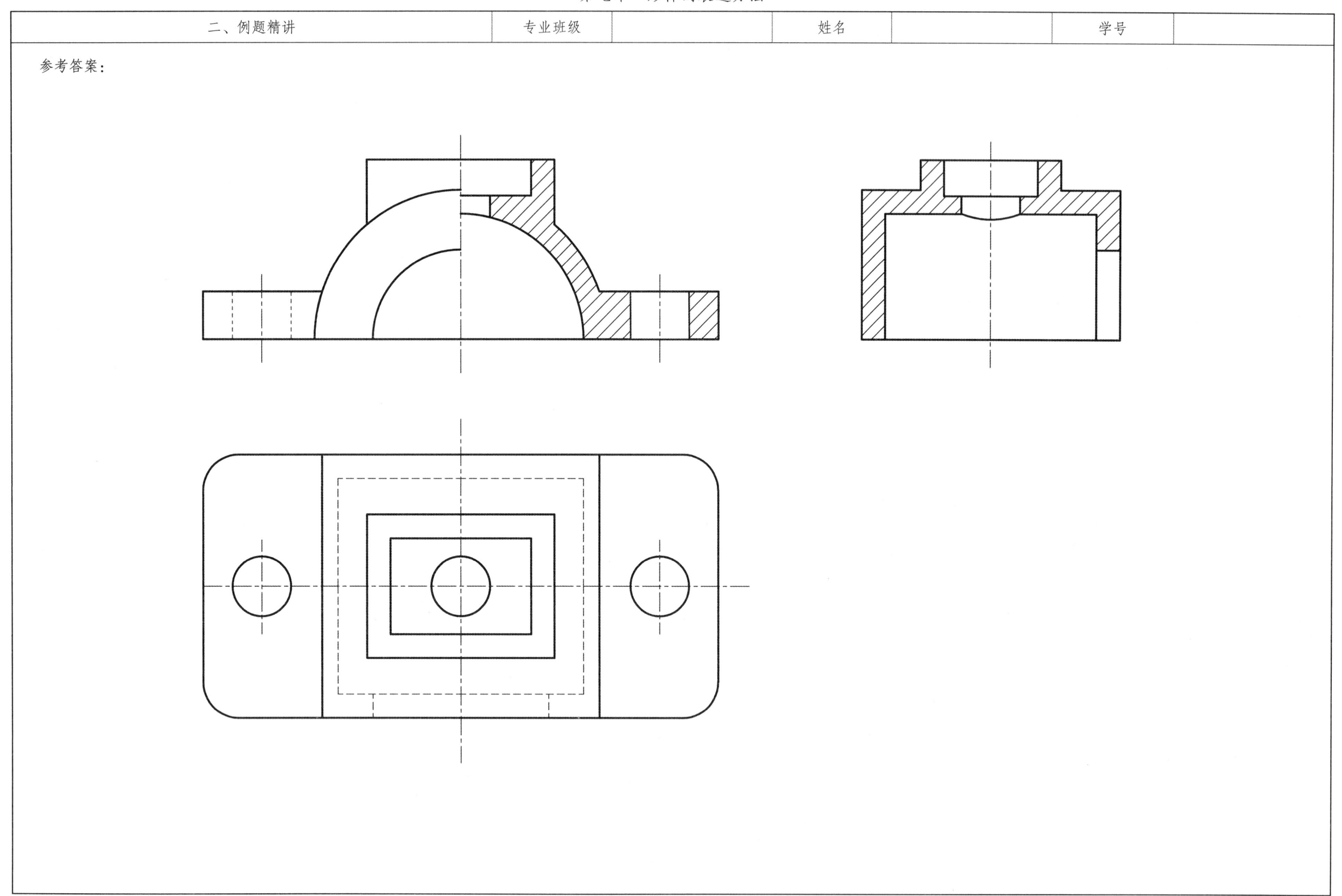

第七章　形体的表达方法

三、练习题　　专业班级　　姓名　　学号

1. 补全主视图中所缺少的图线。

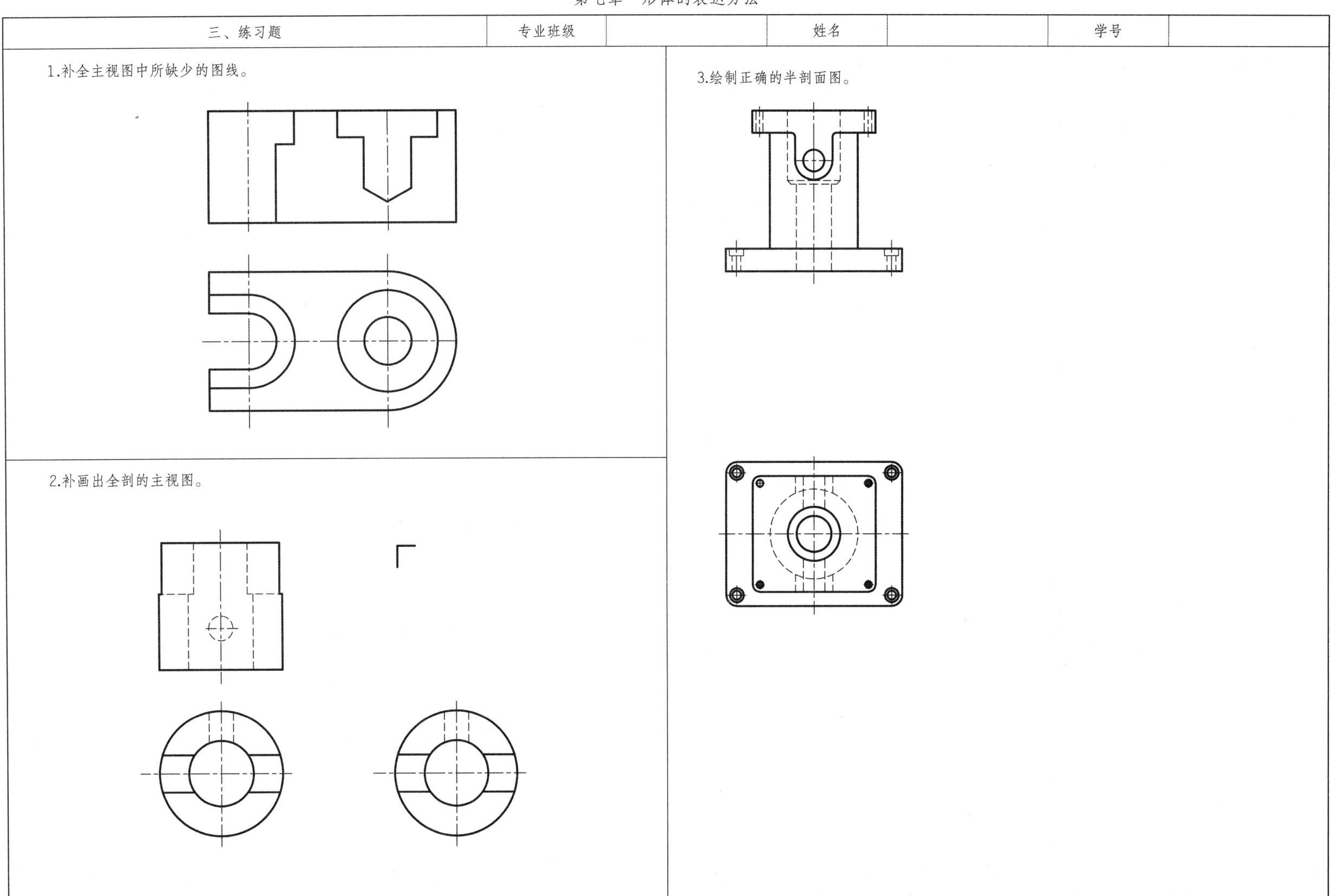

2. 补画出全剖的主视图。

3. 绘制正确的半剖面图。

第七章　形体的表达方法

| 三、练习题 | 专业班级 | 姓名 | 学号 |

4.在指定位置将主视图改画成全剖面图，左视图补画成半剖面图。

（1）

1-1　　1-2

（2）

1-1　　1-2

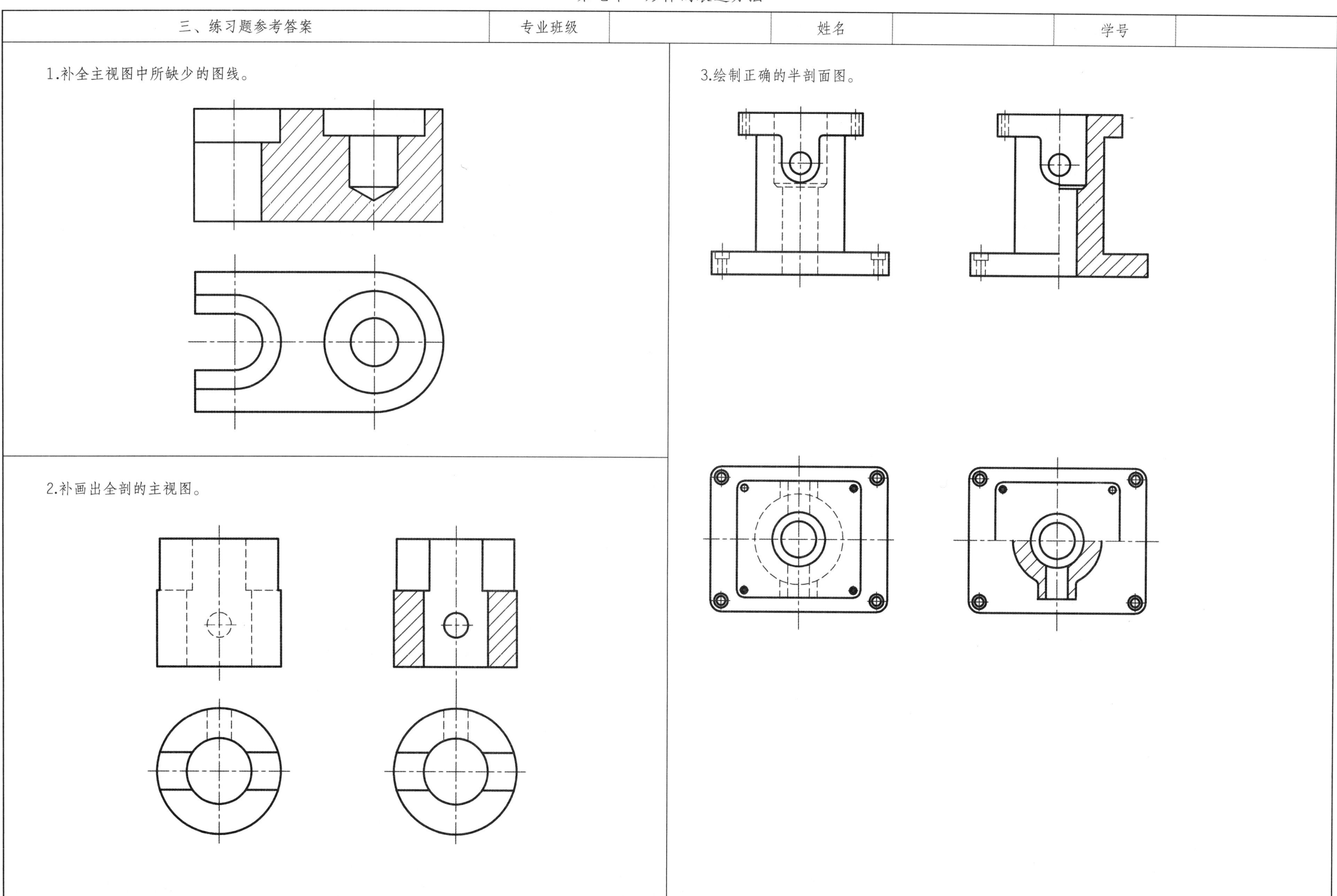

第七章 形体的表达方法

三、练习题参考答案	专业班级	姓名	学号

1. 补全主视图中所缺少的图线。

2. 补画出全剖的主视图。

3. 绘制正确的半剖面图。

第七章　形体的表达方法

三、练习题参考答案	专业班级		姓名		学号	

4.在指定位置将主视图改画成全剖面图，左视图补画成半剖面图。

（1）

（2）

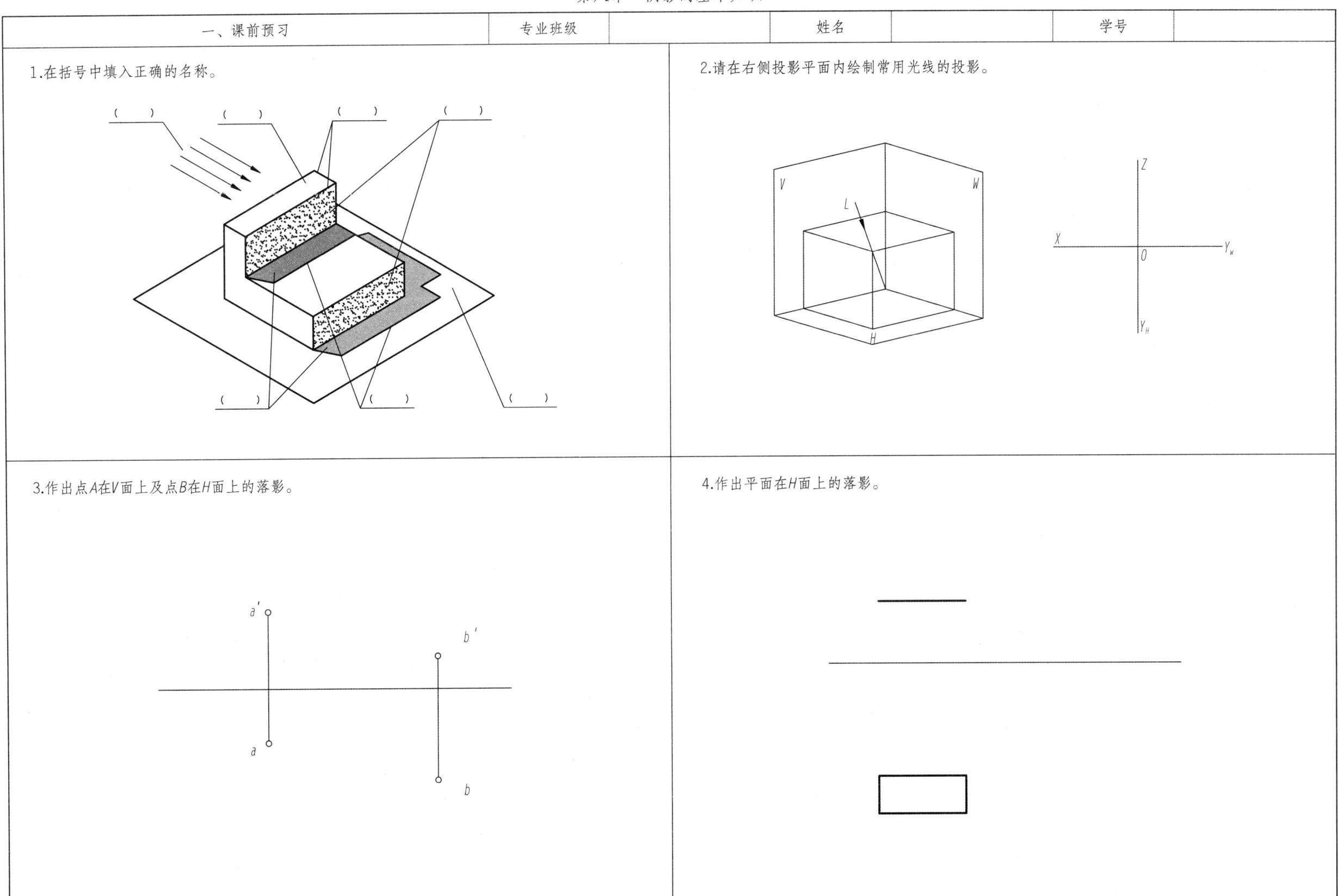

第八章　阴影的基本知识

一、课前预习　　专业班级　　姓名　　学号

1. 在括号中填入正确的名称。

（　）　（　）　（　）　（　）

（　）　（　）　（　）

2. 请在右侧投影平面内绘制常用光线的投影。

3. 作出点A在V面上及点B在H面上的落影。

4. 作出平面在H面上的落影。

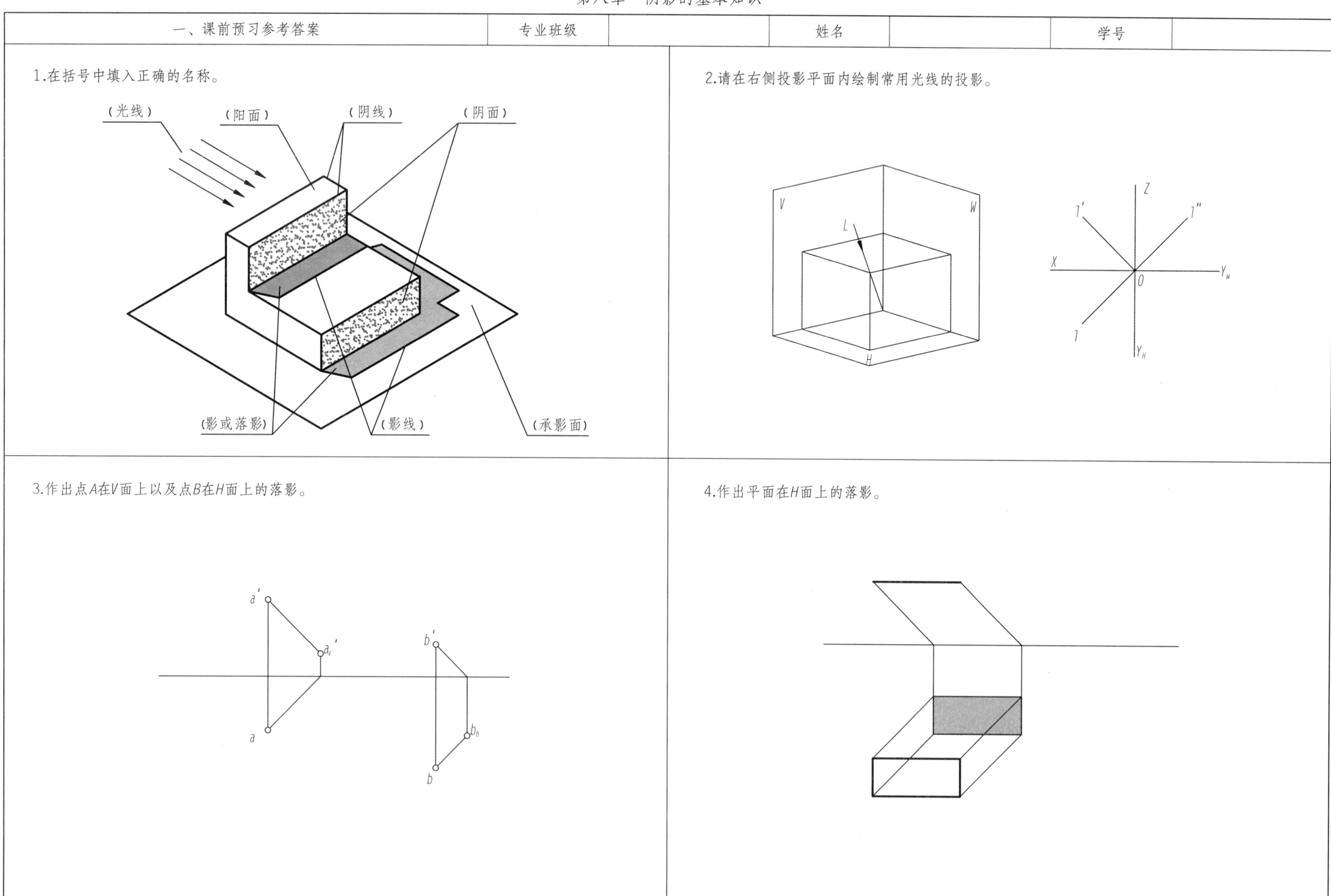

第八章　阴影的基本知识

一、课前预习参考答案　　专业班级　　姓名　　学号

1. 在括号中填入正确的名称。

（光线）（阳面）（阴线）（阴面）
（影或落影）（影线）（承影面）

2. 请在右侧投影平面内绘制常用光线的投影。

3. 作出点A在V面上以及点B在H面上的落影。

4. 作出平面在H面上的落影。

第八章　阴影的基本知识

二、例题精讲	专业班级		姓名		学号	

1. 作出点A在投影面上的落影。

参考答案：

2. 作出直线AB的落影。

参考答案：

二、例题精讲

3. 作出三角形ABC的落影。

参考答案：

4. 作出平面图形的落影。

参考答案：

二、例题精讲

5. 作出四棱柱在V面上的阴影。

参考答案：

6. 作出三棱柱的阴影。

参考答案：

| 三、练习题 | 专业班级 | 姓名 | 学号 |

1. 作出点A在铅垂面P上的落影。

2. 作出点A在一般位置平面Q上的落影。

3. 作出直线AB的落影。

第八章 阴影的基本知识

| 三、练习题 | 专业班级 | 姓名 | 学号 |

4. 作出直线 AB 的落影。

5. 作出三角形 ABC 的落影。

6. 作出三角形 ABC 的落影。

| 三、练习题 | 专业班级 | 姓名 | 学号 |

7.用字母标出下图所示四棱柱的阴线的端点，并作出四棱柱的落影。

8.作出三棱锥的阴影。

第八章　阴影的基本知识

| 三、练习题参考答案 | 专业班级 | 姓名 | 学号 |

1. 作出点A在铅垂面P上的落影。

2. 作出点A在一般位置平面Q的落影。

3. 作出直线AB的落影。

第八章　阴影的基本知识

| 三、练习题参考答案 | 专业班级 | 姓名 | 学号 |

4.作出直线AB的落影。

5.作出三角形ABC的落影。

6.作出三角形ABC的落影。

82

第八章 阴影的基本知识

| 三、练习题参考答案 | 专业班级 | 姓名 | 学号 |

7.用字母标出下图所示四棱柱的阴线的端点，并作出四棱柱的落影。

8.作出三棱锥的阴影。

第九章 透视投影

一、课前预习　　专业班级　　姓名　　学号

1. 在括号中填入正确的名称。

S　（　　　　　）
s　（　　　　　）
s'　（　　　　　）
A　（　　　　　）
a　（　　　　　）
A^0　（　　　　　）
a^0　（　　　　　）
GL　（　　　　　）
G　（　　　　　）
P　（　　　　　）
h-h　（　　　　　）
a_x、a^0、A^0（　　　　　）同一条铅垂线上

2. 作出直线AB的透视和基透视。

3. 求作平面图形的基透视。

第九章 透视投影

一、课前预习参考答案

1. 在括号中填入正确的名称。

S	(视点)
s	(站点)
S'	(主视点)
A	(空间点)
a	(点A的基投影)
A^0	(点A的透视)
a^0	(点A的基透视)
GL	(基线)
G	(基面)
P	(画面)
h-h	(视平线)
a_x、a^0、A^0	(位于) 同一条铅垂线上

2. 作出直线AB的透视和基透视。

3. 求作平面图形的基透视。

第九章 透视投影

| 二、例题精讲 | 专业班级 | 姓名 | 学号 |

1. 作出点 A 的透视和基透视。

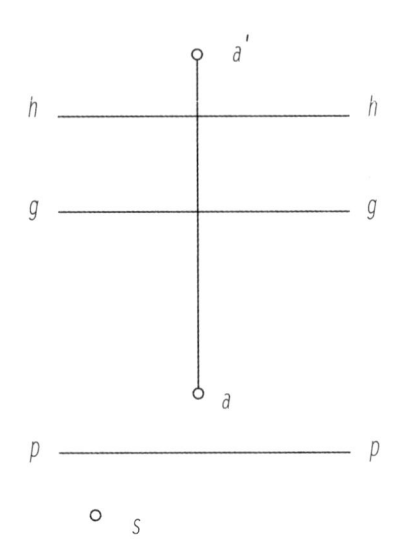

参考答案：

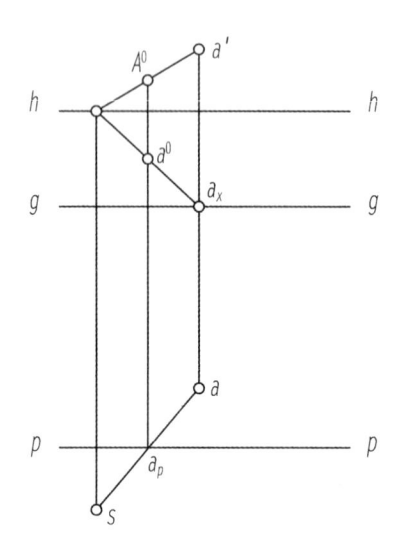

2. 作出直线 AB 的透视和基透视。

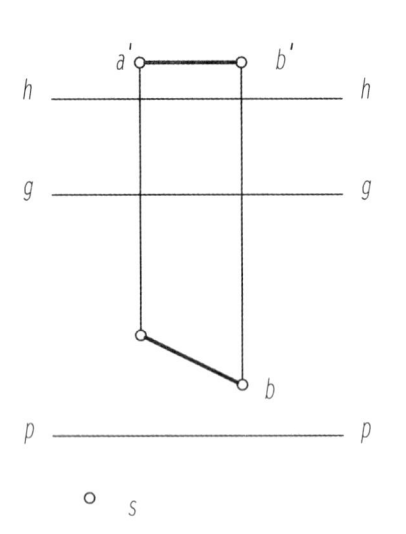

参考答案：

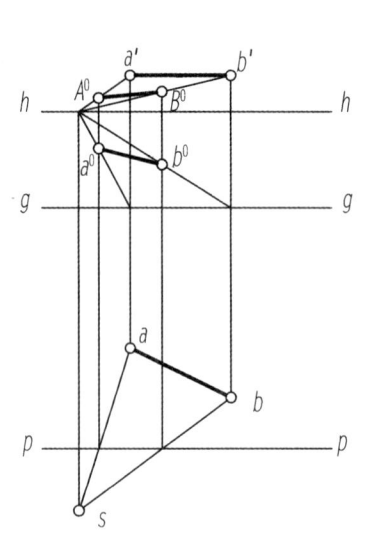

第九章 透视投影

三、练习题 专业班级 姓名 学号

1. 作出点A的透视和基透视。

2. 作出直线AB的透视和基透视。

3. 已知形体的两面投影，求作形体的透视。

第九章 透视投影

三、练习题参考答案

1. 作出点A的透视和基透视。

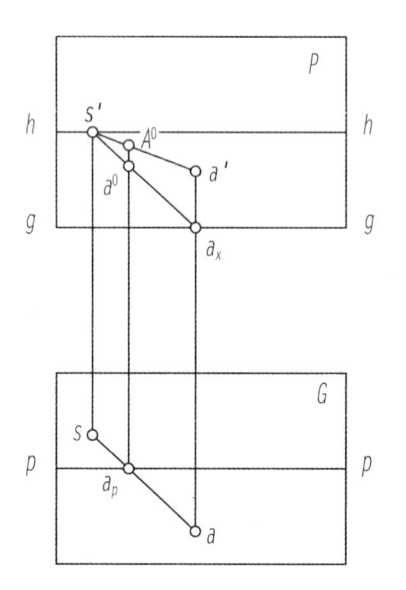

2. 作出直线AB的透视和基透视。

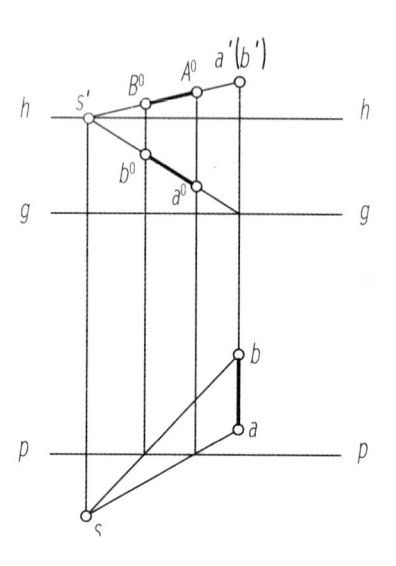

3. 已知形体的两面投影，求作形体的透视。

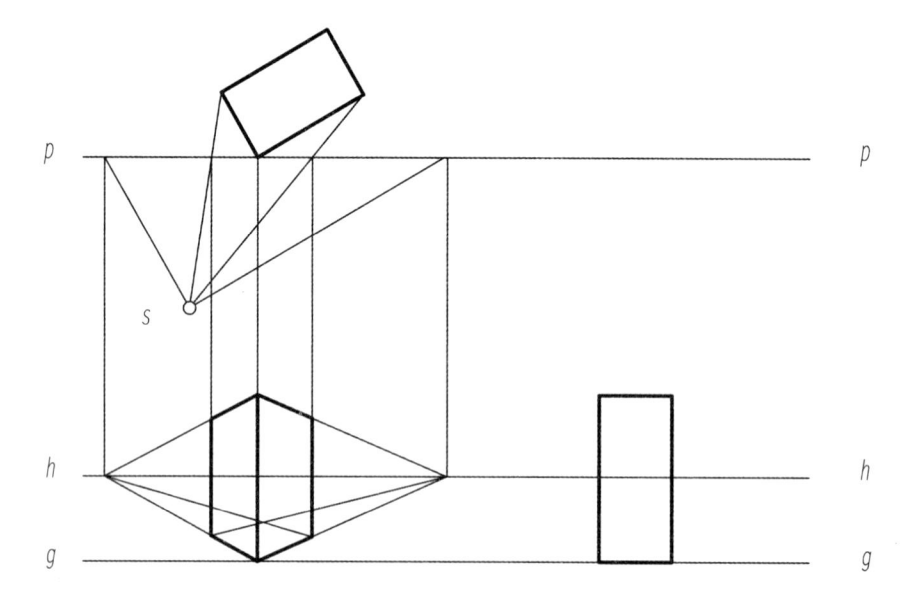

| 选择题 | | 专业班级 | | 姓名 | | 学号 | |

1. 点B相对于点A的空间位置是（　　）。
   A.左、前、下方　　B.左、右、下方　　C.左、前、上方　　D.左、后、上方

2. 直线AB的V面、H面投影均反映实长，该直线为（　　）。
   A.水平线　　B.正垂线　　C.侧平线　　D.侧垂线

3. 已知点A的坐标为（10,10,10），点B的坐标为（10,10,50），则点A、点B（　　）产生重影点。
   A.在H面　　B.在V面　　C.在W面　　D.不会

4. 正平面与一般位置平面相交，交线为（　　）线。
   A.水平　　B.正平　　C.侧平　　D.一般位置

5. 某平面的H面投影积聚成为一直线，该平面为（　　）。
   A.水平面　　B.正垂面　　C.铅垂面　　D.一般位置平面

6. 直线在与其垂直的投影面上的投影（　　）。
   A.实长不变　　B.长度缩短　　C.聚为一点　　D.长度增长

7. 已知点A的坐标为（20,0,0），点B的坐标为（20,0,10），关于点A和点B的相对位置，判断正确的是（　　）。
   A.点B在点A前面　　B.点B在点A上方，且重影于V面上
   C.点A在点B下方，且重影在OX轴上　　D.点A在点B前面

8. 侧垂面的水平投影（　　）。
   A.呈类似形　　B.积聚为一直线
   C.反映平面对W面的倾角　　D.反映平面实形

9. 已知点A的坐标为（20,0,10），则点A（　　）。
   A.在W面上　　B.在V面上　　C.距V面20　　D.距H面20

10. 点在直线上，则点的投影仍在直线的投影上，这是正投影的（　　）。
    A.积聚性　　B.同素性　　C.从属性　　D.定比性

11. 一般位置平面在每个投影面上的投影都具有（　　）。
    A.积聚性　　B.扩大性　　C.从属性　　D.类似性

12. 平面在与其所平行的投影面上的投影是（　　）。
    A.平面　　B.直线　　C.聚为一点　　D.曲面

13. 点A在圆柱表面上，正确的一组视图是（　　）

A.　　B.　　C.　　D.

14. 下列选项中，（　　）是三棱锥正确的左视图。

A. 　 B. 　 C. 　 D.

15. 平面立体上相邻表面的交线称为（　　）。

A.素线　　B.结交线　　C.相贯线　　D.棱线

16. 表面都是由若干个平面所围成的几何形体称为（　　）。

A.正方体　　B.多面体　　C.平面立体　　D.曲面体

17. 立体分为平面立体和曲面立体两种，所有表面均为平面的立体称为（　　）。

A.平面立体　　B.曲面立体　　C.基本体　　D.几何体

18. 立体分为平面立体和曲面立体两种，表面中包含曲面的立体称为（　　）。

A.平面立体　　B.曲面立体　　C.基本体　　D.几何体

19. 正等轴测图的轴间角为（　　）。

A.30°　　B.60°　　C.90°　　D.120°

20. 轴测图最大的特点是（　　）。

A.作图简单　　B.立体感强

C.度量性好　　D.绘图简便，直观性强

21. 下述关于正等轴测图的轴向伸缩系数表述正确的是（　　）。

A.$p=q\neq r$　　B.$p\neq q\neq r$　　C.$p\neq q=r$　　D.$p=q=r$

22. 投射方向与轴测投影面垂直所得的投影图称为（　　）。

A.正轴测图　　B.斜轴测图　　C.投影图　　D.三视图

23. 投射方向与轴测投影面倾斜所得的投影图称为（　　）。

A.正轴测图　　B.斜轴测图　　C.投影图　　D.三视图

24. 轴测投影图中，相邻两轴测轴之间的夹角称为（　　）。

A.夹角　　B.两面角　　C.轴间角　　D.倾斜角

| 选择题 | | 专业班级 | | 姓名 | | 学号 | |

25.三个坐标轴在轴测投影面上轴向变形系数一样的投影称为（　　）。
A.正轴测投影　　　　B.斜轴测投影　　　　C.正等轴图投影　　　　D.斜二轴测投影

26.正等轴测图中，理论轴向变形系数均为（　　）。
A..0.82　　　　B.1　　　　C.1.22　　　　D.1.5

27.正等轴测图中，简化的轴向变形系数为（　　）。
A..0.82　　　　B.1　　　　C.1.22　　　　D.1.5

28.国家标准推荐的轴测投影为（　　）。
A.正轴测投影和斜测投影　　　　B.正等测投影和正二测投影
C.正二测投影和斜二测投影　　　　D.正等测投影和斜二测投影

29.正轴测投影图中，两个轴的轴向变形系数（　　）。
A.不同　　　　B.相同　　　　C.同向　　　　D.反向

30.下列不是正等轴测图的特点的是（　　）。
A.三个轴向伸缩系数相等　　　　B.$r=0.82$
C.$c=0.5$　　　　D.$\angle XOY=\angle ZOY=120°$

31.斜二测投影的特点是（　　）。
A.三个轴向变形系数相等　　　　B.$r=0.5$
C.$c=0.5$　　　　D.$\angle XOY=\angle ZOY=120°$

32.在三面投影体系中可得到物体的三个视图，其正面投影称为（　　）。
A.主视图　　　　B.俯视图　　　　C.左视图　　　　D.正面视图

33.在三面投影体系中可得到物体的三个视图，其水平投影称为（　　）。
A.主视图　　　　B.俯视图　　　　C.左视图　　　　D.水平视图

34.在三面投影体系中可得到物体的三个视图，其侧面投影称为（　　）。
A.主视图　　　　B.俯视图　　　　C.左视图　　　　D.侧面视图

35.三视图的位置关系中，俯视图在主视图的（　　）。
A.下方　　　　B.上方　　　　C.前方　　　　D.右方

36.三视图的位置关系中，左视图在主视图的（　　）。
A.下方　　　　B.上方　　　　C.前方　　　　D.右方

37.主视图反映了物体的（　　）的位置关系。
A.上下；左右　　　　B.上下；前后　　　　C.左右；前后　　　　D.前后

38.俯视图反映了物体的（　　）的位置关系。
A.上下；左右　　　　B.上下；前后　　　　C.左右；前后　　　　D.上下

39.左视图反映了物体的（　　）的位置关系。
A.上下；左右　　　　B.左右　　　　C.左右；前后　　　　D.上下；前后

40.主视图反映了物体外形尺寸中的（　　）
A.高度和长度　　　　B.高度和宽度　　　　C.长度和宽度　　　　D.高度和角度

| 选择题 | | 专业班级 | | 姓名 | | 学号 | |

41.俯视图反映了物体外形尺寸中的（   ）。

A.高度和长度　　　B.高度和宽度　　　C.长度和宽度　　　D.高度和角度

42.左视图反映了物体外形尺寸中的（   ）。

A.高度和长度　　　B.高度和宽度　　　C.长度和宽度　　　D.高度和角度

43.三视图的投影规律中，主、俯视图满足（   ）。

A.长对正　　　B.高平齐　　　C.宽相等　　　D.长相等

44.三视图的投影规律中，主、左视图满足（   ）。

A.长对正　　　B.高平齐　　　C.宽相等　　　D.长相等

45.三视图的投影规律中，俯、左视图满足（   ）。

A.长对正　　　B.高平齐　　　C.宽相等　　　D.长相等

46.以下（   ）属于基本视图。

A.向视图　　　B.主视图　　　C.斜视图　　　D.局部视图

47.下列说法不正确的是（   ）。

A.剖面图中，剖切面后面的不可见轮廓线（细虚线）一律省略不画

B.剖面图是假想将形体剖开后再投射，因此其他视图应完整画出

C.剖切平面一般应通过形体的对称平面或轴线，并平行或垂直于某一投影面

D.剖切面后面的可见轮廓线都应画出，不得遗漏

48.当对称形体的轮廓线与对称中心线重合，应采用（   ）。

A.半剖面图　　　　　　　　　　B.全剖面图

C.局部剖面图　　　　　　　　　D.以上都可以

48.当对称形体的轮廓线与对称中心线重合，应采用（   ）。

A.半剖面图　　　　　　　　　　B.全剖面图

C.局部剖面图　　　　　　　　　D.以上都可以

49.形体向不平行于任何基本投影面的平面投影所得到的视图叫（   ）。

A.基本视图　　　　　　　　　　B.斜视图

C.局部剖面图　　　　　　　　　D.向视图

50.在下图中，左视图的表达不正确的是（   ）。

A.　　　B.　　　C.　　　D.

51.对于零件上的肋板、轮辐、薄壁等，如（   ）剖切，不画剖面符号，且用粗实线将它们与相邻结构分开。

A.横向　　　B.反向　　　C.纵向　　　D.斜向

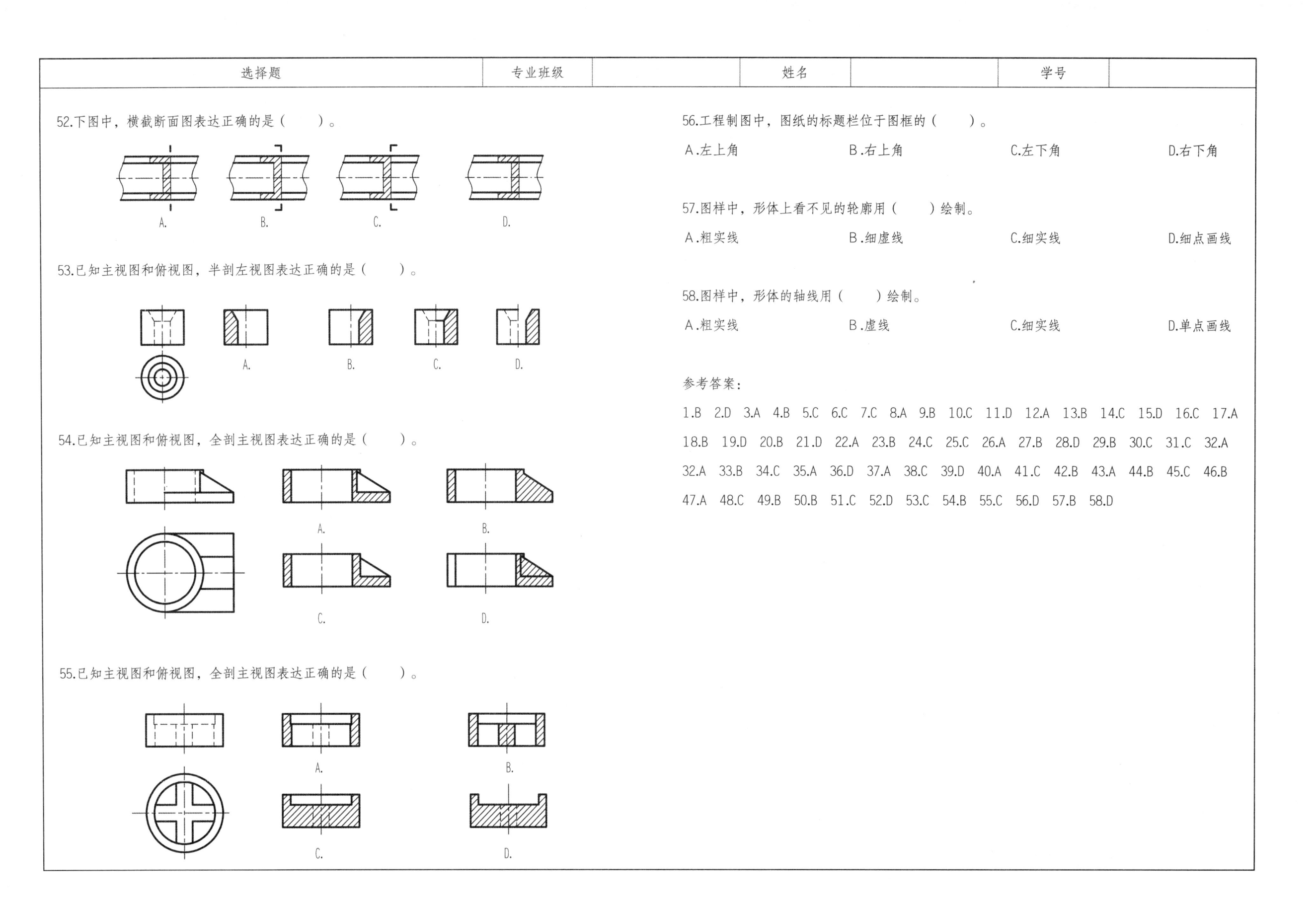

| 选择题 | | 专业班级 | | 姓名 | | 学号 | |

52.下图中,横截断面图表达正确的是(　　)。

A. B. C. D.

53.已知主视图和俯视图,半剖左视图表达正确的是(　　)。

A. B. C. D.

54.已知主视图和俯视图,全剖主视图表达正确的是(　　)。

A. B. C. D.

55.已知主视图和俯视图,全剖主视图表达正确的是(　　)。

A. B. C. D.

56.工程制图中,图纸的标题栏位于图框的(　　)。

A.左上角　　　　　　B.右上角　　　　　　C.左下角　　　　　　D.右下角

57.图样中,形体上看不见的轮廓用(　　)绘制。

A.粗实线　　　　　　B.细虚线　　　　　　C.细实线　　　　　　D.细点画线

58.图样中,形体的轴线用(　　)绘制。

A.粗实线　　　　　　B.虚线　　　　　　　C.细实线　　　　　　D.单点画线

参考答案:

1.B　2.D　3.A　4.B　5.C　6.C　7.C　8.A　9.B　10.C　11.D　12.A　13.B　14.C　15.D　16.C　17.A

18.B　19.D　20.B　21.D　22.A　23.B　24.C　25.C　26.A　27.B　28.D　29.B　30.C　31.C　32.A

32.A　33.B　34.C　35.A　36.D　37.A　38.C　39.D　40.A　41.C　42.B　43.A　44.B　45.C　46.B

47.A　48.C　49.B　50.B　51.C　52.D　53.C　54.B　55.C　56.D　57.B　58.D

填空题		专业班级		姓名		学号	

1. 空间点用_____字母表示。

2. 空间中一点A在对应的正面投影里用字母_____表示，在水平投影里用_____表示，在侧面投影用_____表示。

3. 空间点A的位置坐标值为（X，Y，Z），则水平投影a由_____两坐标确定；正面投影a'由_____两坐标确定；侧面投影a''由_____两坐标确定。

4. 如果空间两点恰好位于某一投影面的同一条垂直线上，则这两点在该投影面上的投影就会重合为一点。通常把在某一投影面上投影重合的两个点，称为该投影面的_____。

5. 重影点判别可见性的方法为：
（1）若两点的水平投影重合，可根据两点的Z坐标值大小判断其可见性，Z坐标值大的点为_____；
（2）若两点的正面投影重合，可根据两点的Y坐标值大小判断其可见性，Y坐标值_____的点为可见。

6. 铅垂面的水平投影为_____。

7. 点的任意两个投影都反映点的_____坐标。

8. 点A的坐标为（35，20，15），则该点对W面的距离为_____。

9. 直线AB的V面和W面投影均反映实长，该直线为_____。

10. 点的V面投影反映点的_____和_____坐标。

11. 一般位置直线有_____个投影长度小于实长。

12. 平面按其对投影面的相对位置不同，可分为_____、_____和_____三种。

13. 平行于某一投影面的平面，称为投影面平行面，根据平面所平行的投影面不同，投影面平行面可分为_____、_____和_____三种。

14. 垂直于某一投影面，同时倾斜于另外两投影面的平面，称为投影面垂直面，根据平面所垂直的投影面不同，投影垂直面可分为_____、_____和_____三种。

15. 垂直于正立投影面的平面，其V面投影为_____。

16. 平面与立体相交，可设想平面被立体所截，这个平面被称为_____，该平面与立体表面的交线称为_____，属两者共有。

17. 研究平面与立体表面相交的主要目的是求_____。

18. 平面立体的截交线是_____和_____表面的共有线。

19. 截平面与圆锥相交，当截平面垂直于轴线时，截交线是_____；当截平面与圆锥的顶点和底面均不相交时，截交线是_____；当截交线平行于圆锥母线时，截交线是_____和_____。

| 填空题 | | 专业班级 | | 姓名 | | 学号 | |

20. 正等轴测图的轴向伸缩系数为_____。为了计算方便，一般取_____为简化轴向伸缩系数。

21. 根据投影方向和轴测投影面的相对关系，轴测图包括两类，分别是_____和_____。

22. 正轴测图包括三类，分别是_____、_____和_____。

23. 斜二轴测图的Y轴轴向伸缩系数是_____。

24. 正等轴测图的Y轴轴向伸缩系数是_____。

25. 斜二轴测图的X、Z轴轴向伸缩系数都是_____。

26. 轴测投影图中相邻两轴测轴之间的夹角称为_____。

27. 正等轴测图的轴间角为_____。

28. 正等轴测图在作图时，第一步应该画_____。

29. 空间相互平等的线段，在同一轴测投影中一定相互_____，与直角坐标轴相互平行的线段，其轴测投影比与相应的_____平行。

30. 正等轴测图中∠XOY=∠YOZ=∠XOZ=_____，在斜二测图中∠XOY=_____，∠YOZ=_____，∠XOZ=_____。

31. 轴间角是指任意相邻的两个_____之间的夹角，正等测轴测图中OX、OY、OZ轴上的轴向伸缩系数分别用_____、_____和_____表示。

32. 正等测投影中投射线与投影平面之间的关系是_____。

33. 能反映物体正面实形的投影方法是_____。

34. 绘制正等轴测图时，其轴向尺寸可以在投影图相应的轴上按照_____比例量取。

35. 在绘制工程图样时，将物体向投影面作正投影所得到的图形称为_____。

36. 在三面投影体系中可得到物体的三个视图，其正面投影称为_____，水平投影称为_____，侧面投影称为_____。

37. 绘制视图时，视图间的距离可根据_____和_____等因素来确定。

38. 三视图中，俯视图在主视图的_____，左视图在主视图的_____。

39. 主视图反映了物体的_____、_____的位置关系。

40. 主视图反映了物体外形尺寸中的_____和_____。

41. 俯视图反映了物体的_____、_____的位置关系。

| 填空题 | | 专业班级 | | 姓名 | | 学号 | |

42.俯视图反映了物体外形尺寸中的_____和_____。

43.左视图反映了物体的_____、_____的位置关系。

44.左视图反映了物体外形尺寸中的_____和_____。

45.三视图的投影规律中，主、俯视图满足_____，主、左视图满足_____，俯、左视图满足_____。

46.三视图中，俯视图的下面和左视图的右面都反映物体的_____，俯视图的上面和左视图的左面都反映物体的_____。

47.多数物体都可以看成是由一些基本形体经过_____、_____穿孔等方式组合而成的组合体。

48._____就是把物体分解成一些简单的基本形体以确定它们之间组合形式的一种方法。

49.基本形体的叠加有_____、_____和_____三种。

50._____是指两基本形体的表面相互结合。

51.两形体叠加时，形体之间存在两种表面连接关系：_____和_____。

52.两形体以平面的方式相互接触，形成的分界线可以是_____，也可以是_____。

53.两形体相切时，在相切处表面为_____的，相切处_____。

54.两形体的表面彼此相交的交线叫_____。

55.组合体的尺寸包括定形尺寸、_____尺寸和_____尺寸。

56.表示各基本几何体长、宽、高的尺寸称为_____尺寸。

57.表示各基本几何体之间上下、左右、前后关系的尺寸称为_____尺寸。

58.表示组合体总长、总宽、总高的尺寸称为_____尺寸。

59.确定尺寸位置的点、直线、平面称为_____。

60.读图的基本方法有两种，分别是_____和_____。

61._____是运用线面的投影规律，分析视图的信息，从而看懂视图。

62.补全视图是检验是否看懂视图的一种有效手段，其基本方法是_____和_____。

63.正面投影又称为主视图，水平投影又称为俯视图，侧面投影又称为_____。

64.将形体从某一方向投射所得到的视图称为_____，是可以自由配置的视图。

填空题		专业班级		姓名		学号	

65.将形体的某一部分向基本投影面投影，所得到的视图称为_____。

66.将形体向不平行于基本投影面投影所得到的视图称为_____。

67.剖面图中，剖切面与形体接触的部分，在该区域内要画_____。

68.外形简单而内部复杂且不对称的形体常用_____视图。

69.按剖切范围的大小将剖面图分为_____视图、_____视图、_____视图。

70.为了看图方便，外形尺寸和内部结构尺寸尽量分注在视图的_____。

71.左视图反映了物体的_____、_____的位置关系。

72.右视图是从_____向_____投射。

73.左视图是从_____向_____投射。

74.主、俯、仰、后视图_____相等，主、后、左、右视图_____相等，俯、仰、左、右视图_____相等。

参考答案：

1.大写 2.a'；a；a'' 3.X、Y；X、Z；Y、Z 4.重影点 5.可见；大 6.直线 7.三个 8.35

9.铅垂线 10.X；Z 11.3 12.一般位置线；投影面平行线；投影面垂直线 13.水平面；正

平面；侧平面 14.铅垂面；正垂面；侧垂面 15.直线 16.截平面；截交线 17.截交线

18.截平面；平面立体 19.圆；椭圆；抛物线；直线 20.0.28；1 21.正轴测图；斜轴测图

22.正等轴测图；正二轴测图；正三轴测图 23.$q=0.5$ 24.$q=0.82$ 25.1 26.轴间角

27.120° 28.轴测轴 29.平行；轴测轴 30.120°；135°；135°；90° 31.轴测轴；

p；q；r 32.垂直 33.斜二测投影 34.1∶1 35.视图 36.主视图；俯视图；左视图

37.图纸幅面；尺寸标注 38.下方；右方 39.上下；左右 40.高度；长度 41.前后；左右

42.宽度；长度 43.前后；上下 44.宽度；高度 45.长对正；宽相等 46.前面；后面

47.叠加；切割 48.形体分析法 49.简单叠加；相切；相交 50.简单叠加

51.对齐；不对齐 52.直线；平面曲线 53.光滑过渡；不画出切线 54.相贯线

55.定位；总体 56.定形 57.定位 58.总体 59.基准 60.形体分析法；线面分析法

61.线面分析法 62.形体分析法；线面分析法 63.左视图 64.向视图 65.局部视图

66.斜视图 67.剖面符号 68.全剖 69.全剖；半剖；局部剖 70.两侧 71.前后；上下

72.右；左 73.左；右 74.长度；高度；宽度

| 判断题（表述正确的在括号内打√，错误的打×） | 专业班级 | | 姓名 | | 学号 | |

1. 两点的V面投影能反应出点在空间的上下、左右关系。　　　　　（　　）

2. 投影面垂直线在所垂直的投影面上的投影必积聚成为一个点。　　（　　）

3. 垂直于H面的平面，称为铅垂直面。　　　　　　　　　　　　　（　　）

4. 水平投影反映实长的直线，一定是水平线。　　　　　　　　　　（　　）

5. 一般位置直线是与三个投影面都倾斜的直线。　　　　　　　　　（　　）

6. 点的一个投影，可以唯一确定点的空间位置。　　　　　　　　　（　　）

7. 点的两个投影，可以唯一确定点的空间位置。　　　　　　　　　（　　）

8. 空间点用大写字母表示。　　　　　　　　　　　　　　　　　　（　　）

9. 点的任意两个投影都反映点的三个坐标值。　　　　　　　　　　（　　）

10. 通常把在某一投影面上投影重合的两个点，称为该投影面的重影点。（　　）

11. 投影面内直线是投影面平行线和投影面垂直线的特殊情况。　　　（　　）

12. 一般位置直线的三个投影均为直线，投影长度都小于或等于线段的实长。（　　）

13. 一般位置直线的三个投影都倾斜于投影轴。　　　　　　　　　　（　　）

14. 平行于某一个投影面，同时倾斜于另外两投影面的直线，称为投影面平行线。（　　）

15. 投影面平行线的投影特性：直线在其所平行的投影面上的投影反映直线的实长。（　　）

16. 垂直于某一投影面，同时平行于另外两面投影面的直线，称为投影面垂直线。（　　）

17. 投影面垂直线分为铅垂线、正垂线、侧垂线三种。　　　　　　　（　　）

18. 如果点的各个投影均在直线的同面投影上，且分直线各投影长度成相同的比例，则该点一定在直线上。（　　）

19. 平面按其对投影面相对位置的不同，可以分为一般位置平面、投影面平行面和投影面垂直面。（　　）

20. 一般位置平面的投影特性是：它的三个投影既不反映实形，也不积聚为一直线，而只具有类似性。（　　）

21. 平行于某一投影面的平面，称为投影面平行面，根据平面所平行的投影面不同，投影面平行面可分为水平面、正平面和侧平面三种。（　　）

22. 投影面平行面的投影特性是：平面在其所平行的投影面上的投影反映实形。（　　）

| 判断题（表述正确的在括号内打√，错误的打×） | 专业班级 | 姓名 | 学号 |

23.如果直线上有一点在平面内，且该直线平行于平面内一已知直线，则可判断该直线在平面内。（ ）

24.垂直于某一投影面的平面皆称为投影面垂直面。（ ）

25.投影面垂直面根据所垂直的投影面不同，可分为铅垂直面、正垂直面和侧垂直面。（ ）

26.投影面垂直面的投影特性是：平面在其所垂直的投影面上的投影积聚成一直线。（ ）

27.如果点在某平面内的一条已知直线上，则可判断该点在平面内。（ ）

28.如果直线上两点在平面内，则可判断该直线在平面内。（ ）

29.投影轴上的直线必定是投影面的垂直线，其投影特点是：有两个投影与直线本身重合，另一个投影积聚在原点上。（ ）

30.如果某平面的两个投影具有积聚性，而且都平等于投影轴，则该平面为投影面平行面。（ ）

31.如果某平面的其中一个投影是斜直线，另外两面投影是类似图形，则该平面为投影面垂直面。（ ）

32.如果某平面的三个投影都是类似图形，则该平面为一般位置平面。（ ）

33.曲面立体的转向线都是直线。（ ）

34.曲面立体的转向线应该是曲线。（ ）

35.圆锥面上取点的辅助线方法是纬圆法和素线法。（ ）

36.转向线是指回转面在指定的投影面的投射方向上，可见部分与不可见部分的分界线。（ ）

37.已知圆锥表面点A的H面投影a，求a'及a"时采用纬圆法作辅助线求得结果如下图所示。（ ）

38.下图中，三棱柱表面上点A的三面投影表述正确。（ ）

判断题（表述正确的在括号内打√，错误的打×）　专业班级　　姓名　　学号

39.图中线段AB是圆曲线、CD是直线段。　　　　　　　　　　　　（　）

40.图中线段SA是直线段、AB是圆曲线。　　　　　　　　　　　　（　）

41.平面与立体相交时，截平面与立体表面的交线称为截交线。　　　（　）

42.平面与立体相交，在立体表面产生的交线称为截交线，截交线是截平面与立体表面的共有线。　　　　　　　　　　　　　　　　　　　　　　　　　　　（　）

43.平面与曲面立体相交，其交线一定是平面曲线。　　　　　　　　（　）

44.平面与曲面立体相交，其截交线可能是封闭的平面曲线。　　　　（　）

45.平面与曲面立体相交所形成的截交线是一条封闭的平面曲线。　　（　）

46.平面与曲面立体相交形成的截交线都是曲线。　　　　　　　　　（　）

47.平面与平面立体相交形成的截交线都是直线。　　　　　　　　　（　）

48.平面立体的截交线是一封闭的多边形，多边形各条边是截平面与平面立体表面的交线，多边形的各顶点是截平面与平面立体各棱线的交点。　　　　　　　（　）

49.正等轴测图能反映物体的真实形状和尺寸。　　　　　　　　　　（　）

50.斜二等轴测图能反映物体的真实大小。　　　　　　　　　　　　（　）

51.绘制轴测图时应该沿着轴测轴方向测量尺寸。　　　　　　　　　（　）

52.斜二测轴测图中的尺寸应该取实际尺寸的一半。　　　　　　　　（　）

| 判断题（表述正确的在括号内打√，错误的打×） | 专业班级 | | 姓名 | | 学号 | |

53. 斜二等轴测图Y轴方向的简化轴向伸缩系数为0.5。（　　）

54. 绘制视图时，必须画出投影间的连线。（　　）

55. 绘制正等轴测图时，应该沿着轴测轴方向按照1∶1的比例量取。（　　）

56. 在三面投影体系中可得到物体的三个视图，其正面投影称为正视图。（　　）

57. 在三面投影体系中可得到物体的三个视图，其水平投影称为水平视图。（　　）

58. 在三面投影体系中可得到物体的三个视图，其侧面投影称为左视图。（　　）

59. 在工程图上，视图主要用来表达物体的形状，不需要表达物体与投影面间的距离。（　　）

60. 绘制视图时必须画出投影轴。（　　）

61. 绘制三视图，虽然不需要画出投影轴和投影间的连线，但三视图间仍应保持各投影之间的位置关系和投影规律。（　　）

62. 三视图中，如果按照俯视图在主视图的下方，左视图在主视图的右方配置视图时，国家标准规定一律不标注视图名称。（　　）

63. 主视图反映了物体的上下、左右的位置关系。（　　）

64. 主视图反映了物体外形尺寸中的高度和宽度。（　　）

65. 俯视图反映了物体的上下、前后的位置关系。（　　）

66. 俯视图反映了物体外形尺寸中的宽度和长度。（　　）

67. 左视图反映了物体的前后、上下的位置关系。（　　）

68. 左视图反映了物体外形尺寸中的长度和高度。（　　）

69. 三视图的投影规律中，主、俯视图满足长对正，主、左视图满足高平齐，俯、左视图满足宽相等。（　　）

70. 两形体以平面的方式相互接触，形成的分界线可以是直线，也可以是平面曲线。（　　）

71. 两形体根据相对位置，以及三等关系就可以画出三视图。（　　）

72. 以平面相接方式形成的组合体，当结合平面不平齐时，两者中间应有线隔开。（　　）

73. 以平面相接方式形成的组合体，当两形体的结合平面平齐时，两者中间没有线隔开。（　　）

74. 两形体相切时，相切处需要画出切线。（　　）

判断题（表述正确的在括号内打√，错误的打×）　专业班级　　　姓名　　　学号

75. 两形体的表面彼此相交时的交线叫相贯线，相贯线的投影可以通过求点的投影画出。（　）

76. 切割体可以看成是在基本组合体上进行切割、钻孔、挖槽等构成。（　）

77. 在组合体的视图上标注尺寸时，应做到正确、完整、清晰。（　）

78. 组合体的尺寸包括定形尺寸、定位尺寸和外形尺寸。（　）

79. 表示各基本几何体长、宽、高的尺寸称为总体尺寸。（　）

80. 表示各基本几何体之间上下、左右、前后关系的尺寸称为定位尺寸。（　）

81. 表示组合体总长、总宽、总高的尺寸称为定形尺寸。（　）

82. 组合体进行标注时，通常选择组合体的底面、端面、对称面、轴心线等作为基准。（　）

83. 尺寸应标注在表达形体特征最明显的视图上，并尽量避免标注在虚线上。（　）

84. 对称结构的尺寸，一般应对称标注。（　）

85. 圆弧的半径最好标注在投影为圆弧的视图上。（　）

86. 多个尺寸平行标注时，应使较小的尺寸靠近视图，较大的尺寸依次向外分布。（　）

87. 右视图就是从右向左投射。（　）

88. 基本视图一共有三个，分别是主视图、俯视图、左视图。（　）

89. 当基本视图按规定配置时可以不标视图的名称。（　）

90. 将形体的某一部分向任意投影面投影得到的视图都叫作局部视图。（　）

91. 斜视图可以按投影关系配置，并且不必按向视图形式进行标注。（　）

92. 斜视图可以按向视图进行配置，并按向视图形式进行标注。（　）

93. 剖面图中，剖切面与形体接触的部分，在该区域内要画剖面符号。（　）

94. 外形简单而内部复杂的形体必须采用全剖面图。（　）

95. 螺钉、轴等实心零件上的孔、槽，多采用半剖面图。（　）

96. 局部剖面图波浪线不能穿过可见孔，也不能超出轮廓线。（　）

97. 有些情况下，轮廓线也可以代替局部剖面图的波浪线。（　）

| 判断题（表述正确的在括号内打√，错误的打×） | 专业班级 | | 姓名 | | 学号 | |

98. 断面图和剖面图都是用平面截切形体，所以断面图和剖面图没有区别。　　（　）

99. 在视图（或剖面图）之外画出的断面图用粗实线绘制。　　（　）

100. 断面图为对称图形，且配置在剖切符号延长线上，所有标注均省略。　　（　）

101. 在视图（或剖面图）之内画出的断面图用细实线。　　（　）

102. 轮廓线与中心线重合时，不宜画成半剖面图，多采用局部剖面图。　　（　）

103. 采用柱面剖开形体时，剖切图应按展开绘制。　　（　）

104. 由于剖面图是假想剖切平面将形体剖开后再进行投射，而实际形体是完整的，因此其图形应按完整的形体画出。　　（　）

参考答案：

1.√　2.√　3.×　4.×　5.√　6.×　7.√　8.√　9.√　10.√　11.√　12.×　13.√
14.√　15.√　16.√　17.√　18.√　19.√　20.√　21.√　22.√　23.√　24.×　25.√
26.√　27.√　28.√　29.√　30.√　31.√　32.√　33.×　34.×　35.√　36.√　37.√
38.×　39.√　40.√　41.√　42.√　43.√　44.√　45.√　46.×　47.√　48.√　49.×
50.×　51.√　52.×　53.√　54.√　55.√　56.√　57.√　58.√　59.√　60.×　61.√
62.√　63.√　64.×　65.×　66.√　67.√　68.×　69.√　70.√　71.√　72.√　73.√
74.×　75.√　76.√　77.√　78.√　79.×　80.√　81.×　82.√　83.√　84.√　85.√
86.√　87.√　88.×　89.√　90.√　91.×　92.√　93.√　94.√　96.×　95.√　97.×
98.×　99.√　100.√　101.×　102.√　103.√　104.√

| 改错题 | 专业班级 | 姓名 | 学号 |

1.已知：点A的坐标（10，15，5），点B的坐标（25，10，20），试找出下图中的错误并改正。

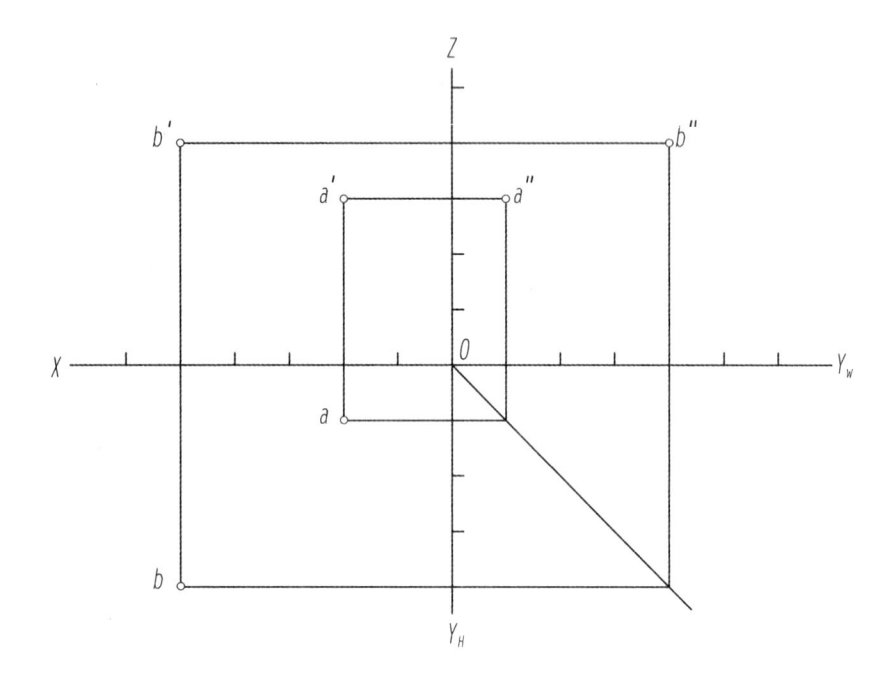

2.试找出下图中的错误并改正。

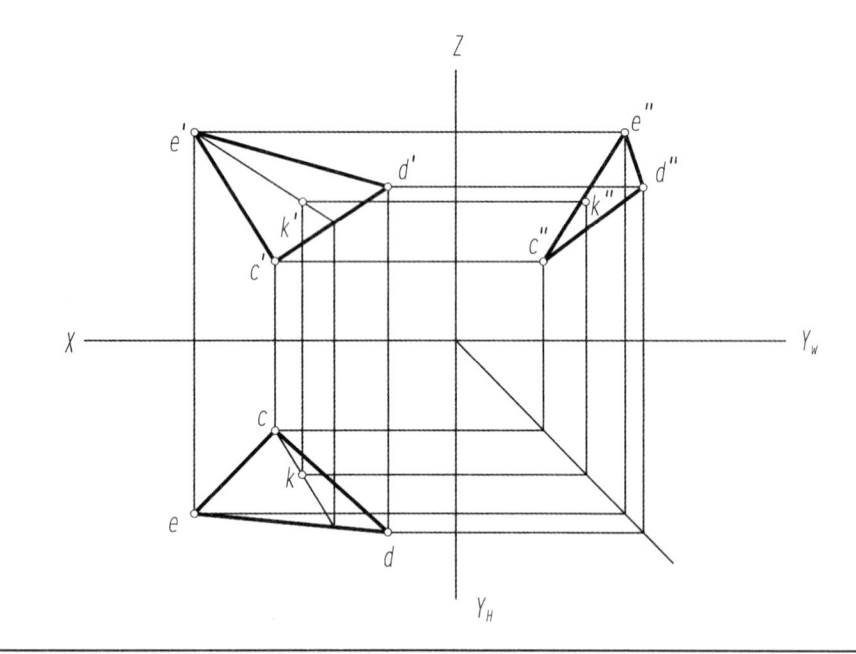

3.找出下图中的错误并改正。

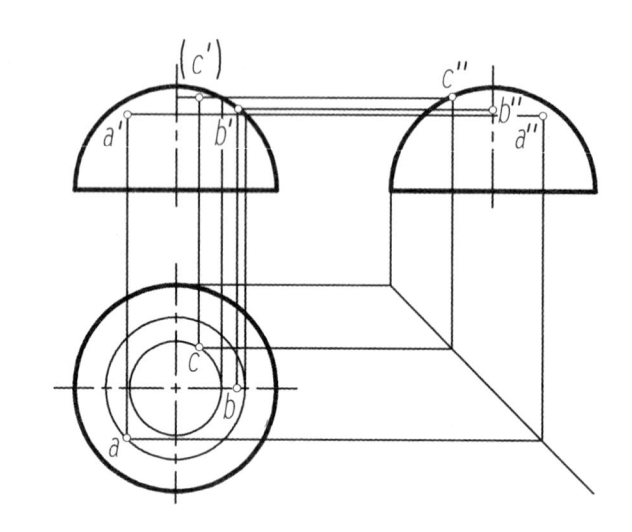

4.找出下图中的错误并改正。

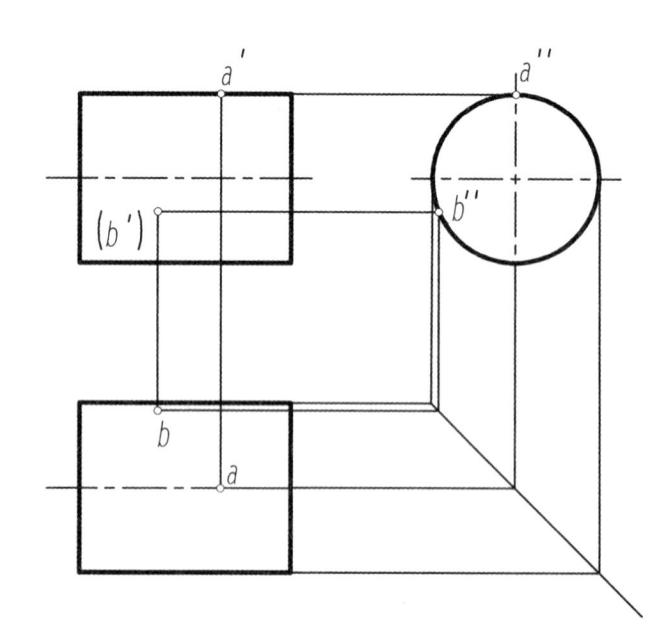

| 改错题 | 专业班级 | 姓名 | 学号 |

5.找出下图中的错误并改正。

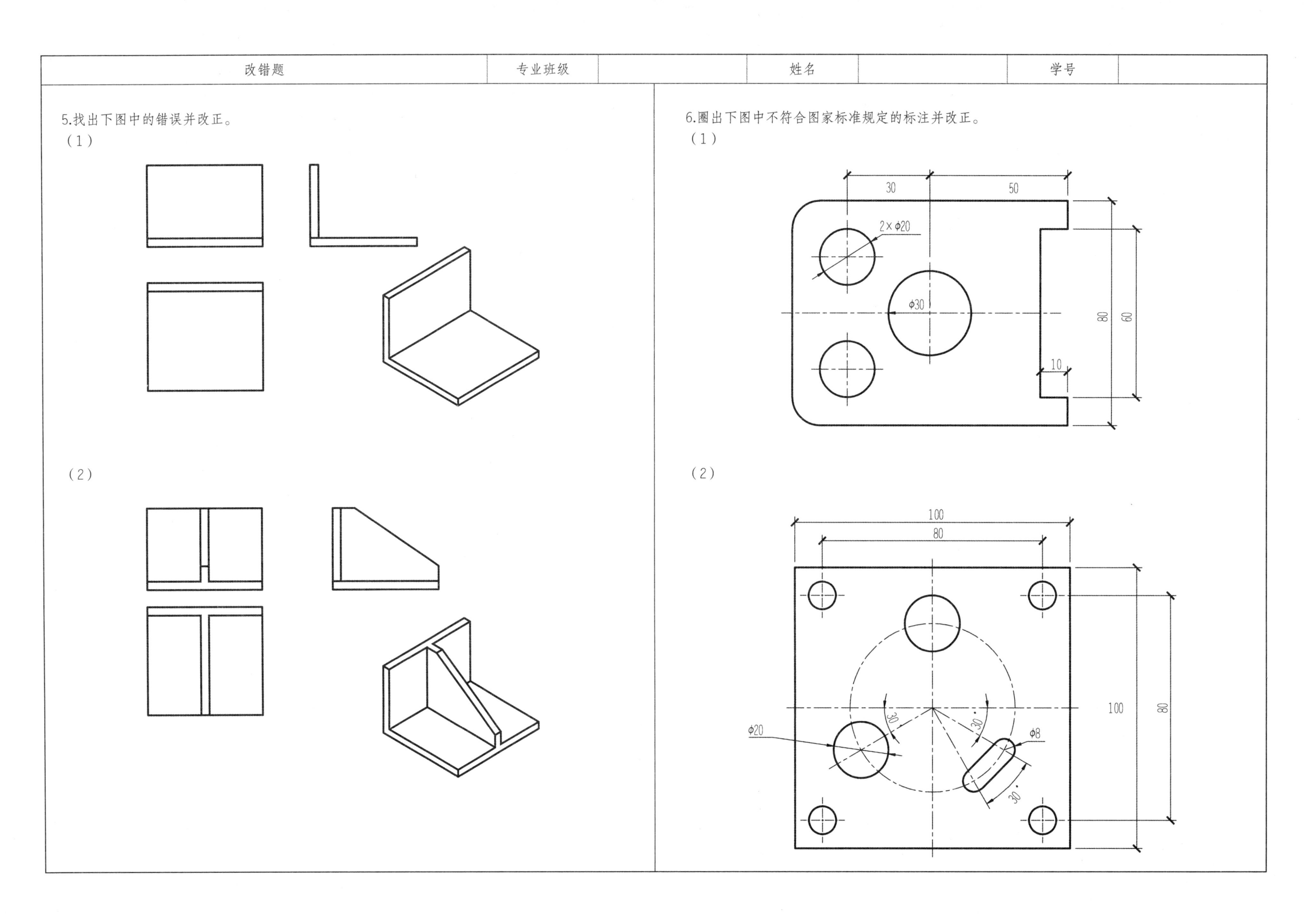

（1）

（2）

6.圈出下图中不符合国家标准规定的标注并改正。

（1）

（2）

| 改错题 | 专业班级 | 姓名 | 学号 |

参考答案：
1.解析：共五处错误，分别是 a′、a、a″、b″、b。

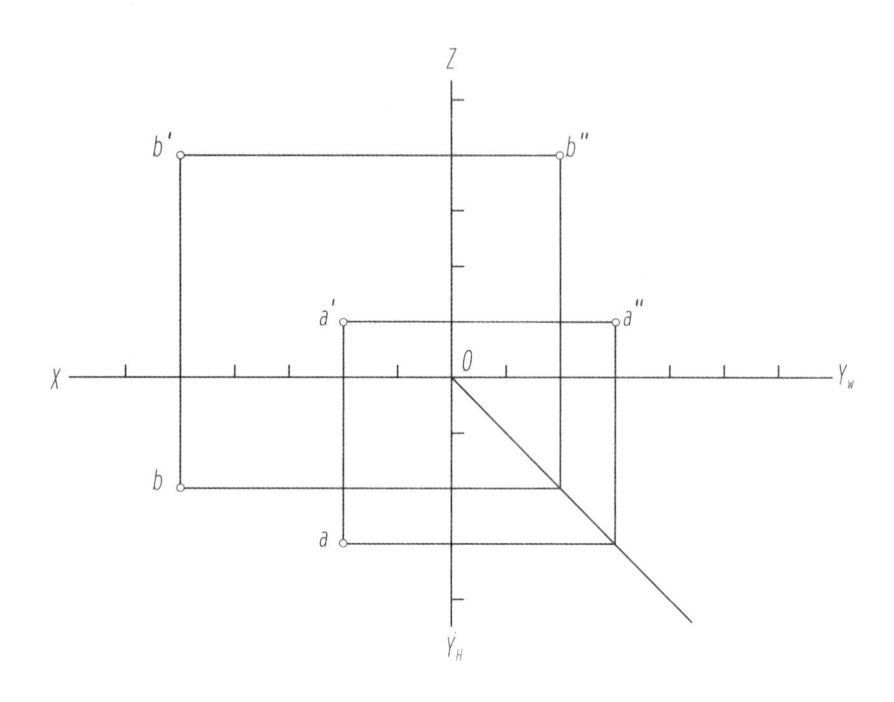

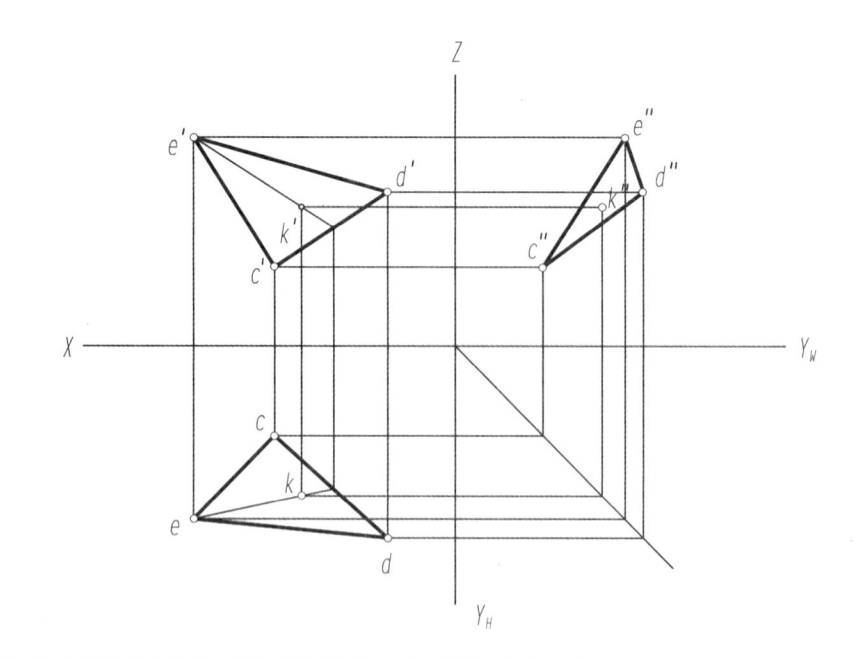

3.解析：C点和B点的侧面投影书写有误，改正如下图所示：

2.解析：共两处错误，分别是 k、k″。

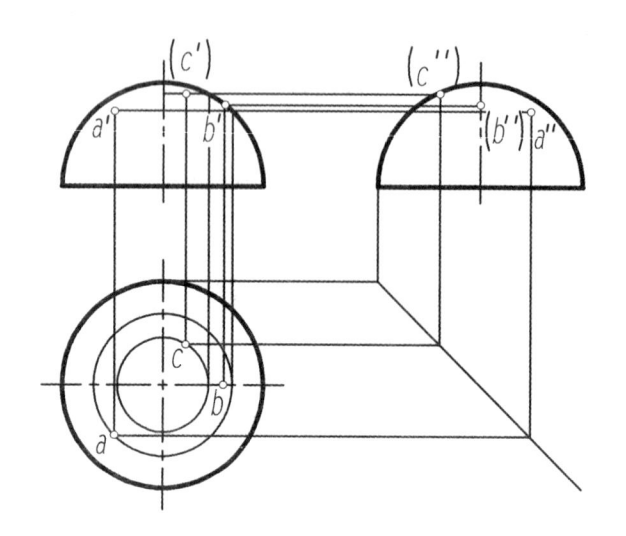

4.解析：B点的水平投影书写有误，改正如下图所示：

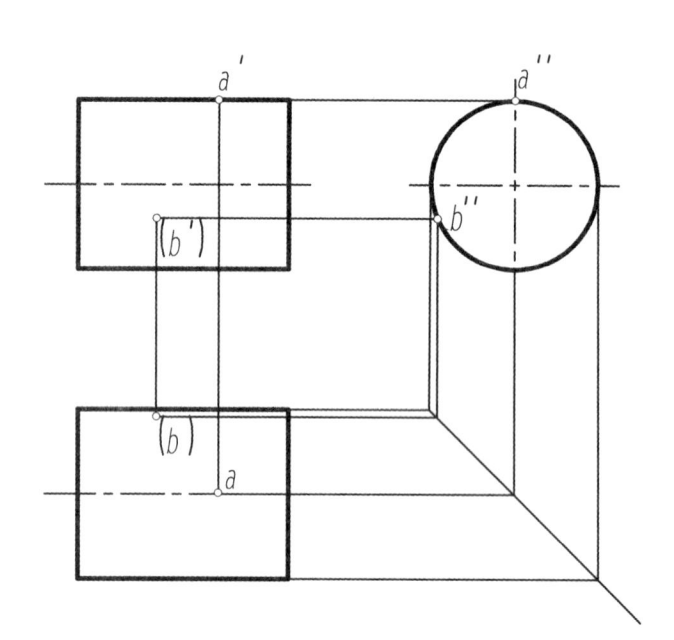

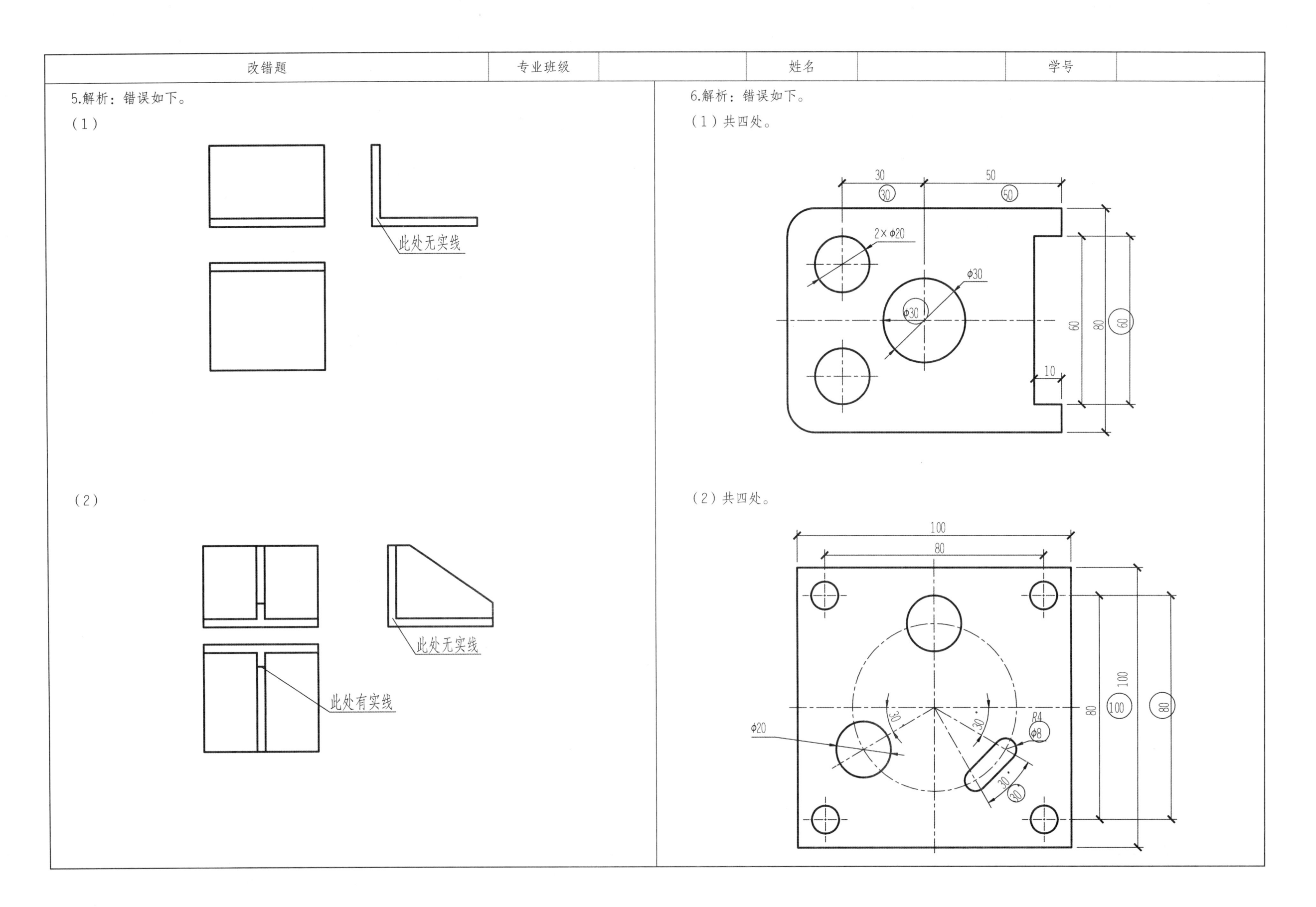

| 改错题 | 专业班级 | 姓名 | 学号 |

5.解析：错误如下。

（1）

此处无实线

（2）

此处无实线

此处有实线

6.解析：错误如下。

（1）共四处。

（2）共四处。

| 绘图题 | 专业班级 | 姓名 | 学号 |

1.根据轴测图画出三视图，并标出尺寸（绘图比例1∶5，尺寸直接从图中读取）。

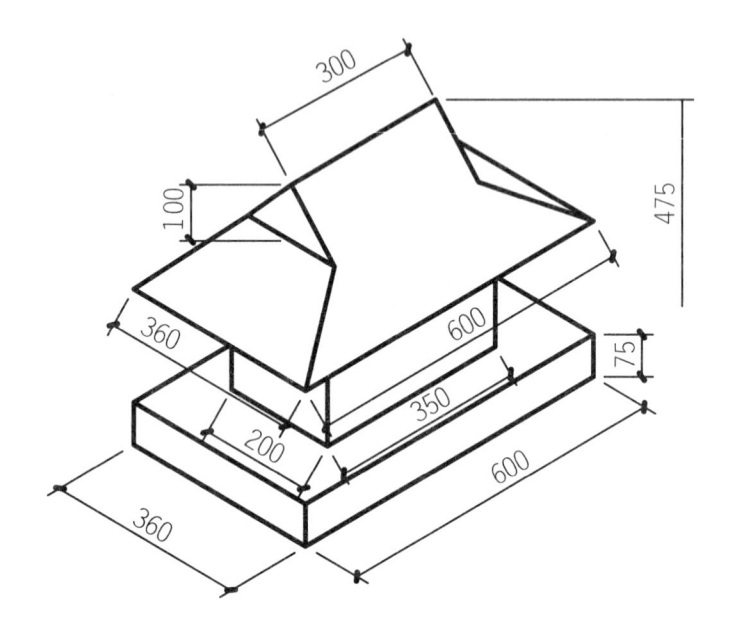

2.用1∶100的比例和A4图幅绘制房屋的平面图。
绘制平面图的图线要求：
（1）被切到的墙、柱的轮廓线用粗实线；
（2）建筑构配件的可见轮廓线用细实线；
（3）定位轴线、尺寸线、尺寸界线等用细线。

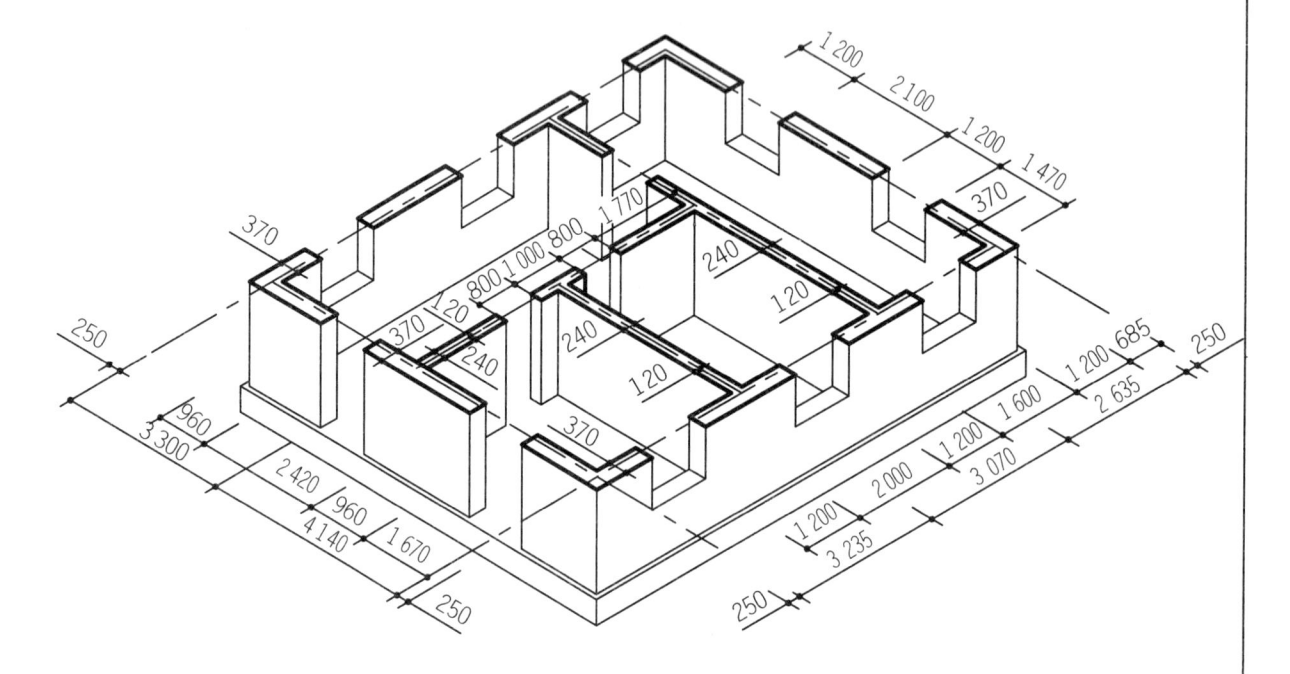

| 绘图题 | 专业班级 | 姓名 | 学号 |

3.绘制住宅平面图。

2~4层平面图 1:100

4.绘制住宅正立面图。

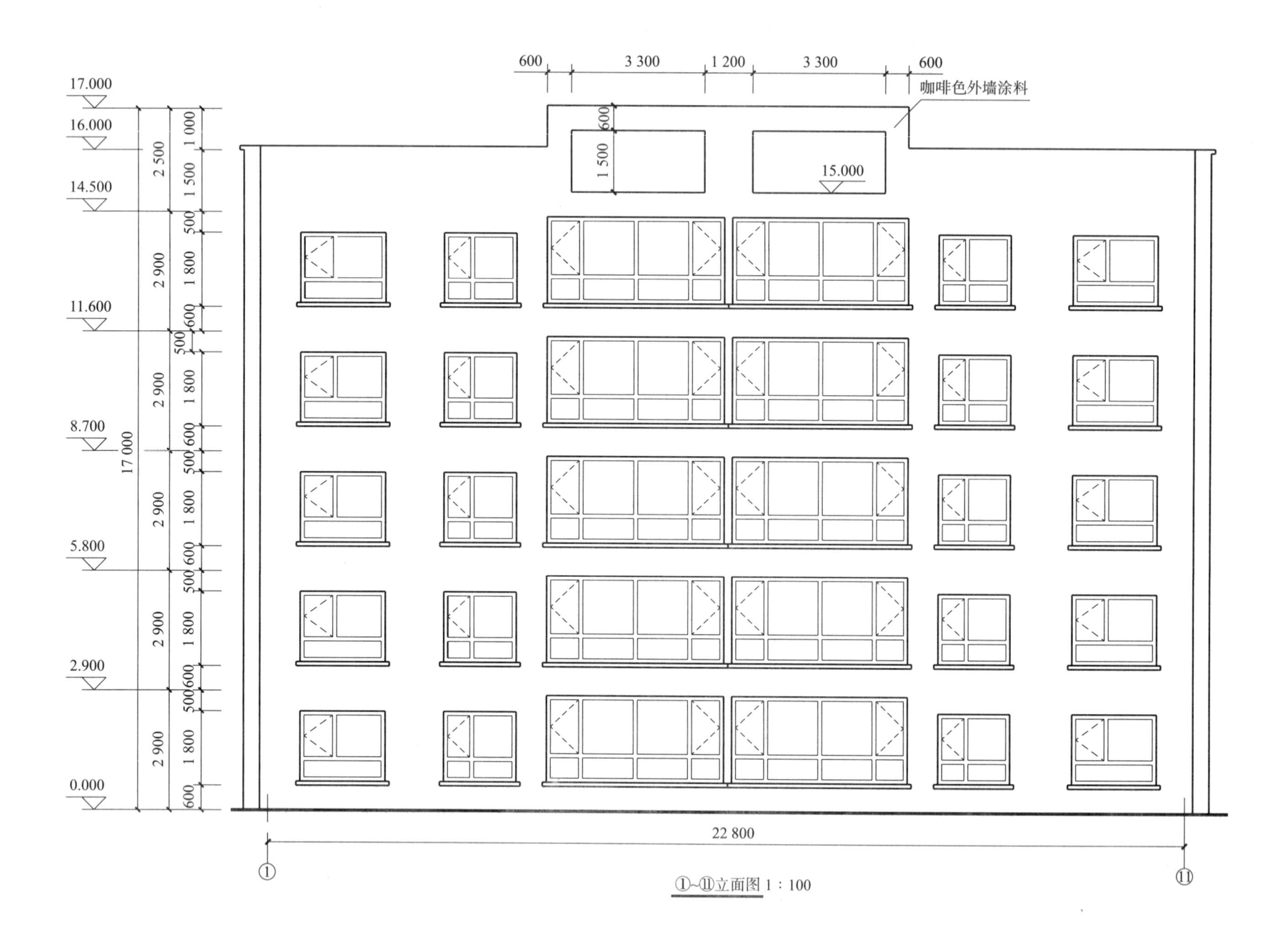

①~⑪立面图 1:100

5. 绘制住宅背立面图。

⑪~①立面图 1:100

| 绘图题 | 专业班级 | 姓名 | 学号 |

参考答案：

1. 根据轴测图画出三视图，并标出尺寸（绘图比例1∶5，尺寸直接从图中读取）。

2. 用1∶100的比例和A4图中绘制房屋的平面图。

平面图 1∶100